土木工程概论

主　编　佟成玉　石晓娟
副主编　李金云　王　璐　杨建功

ZHEJIANG UNIVERSITY PRESS
浙江大学出版社

图书在版编目（CIP）数据

土木工程概论 / 佟成玉，石晓娟主编. —杭州：浙江大学出版社，2015. 8
ISBN 978-7-308-14980-8

Ⅰ. ①土… Ⅱ. ①佟… ②石… Ⅲ. ①土木工程—概论 Ⅳ. ①TU

中国版本图书馆 CIP 数据核字(2015)第 183258 号

土木工程概论
佟成玉　石晓娟　主编

责任编辑　王　波
责任校对　吴昌雷
封面设计　俞亚彤
出版发行　浙江大学出版社
（杭州市天目山路 148 号　邮政编码 310007）
（网址：http://www.zjupress.com）
排　　版　杭州金旭广告有限公司
印　　刷　富阳市育才印刷有限公司
开　　本　787mm×1092mm　1/16
印　　张　13
字　　数　316 千
版 印 次　2015 年 8 月第 1 版　2015 年 8 月第 1 次印刷
书　　号　ISBN 978-7-308-14980-8
定　　价　27.00 元

浙江大学出版社发行部联系方式　(0571)88925591；http://zjdxcbs.tmall.com

前　言

《土木工程概论》是面向高等院校的土木工程专业教材，内容涵盖了大土木工程的主要研究领域，力求构建大土木的知识体系，开阔学生的视野。本书内容包括：绪论，土木工程材料，建筑工程，基础工程，道路工程，铁路工程，桥梁工程，给水排水工程，工程灾害与防灾措施，工程项目管理，土木工程造价，土木工程施工。全书简明扼要地介绍了这些学科的概念和基本知识，使学生在学习专业课之前，对自己要从事的专业以及相关知识有所了解，激发学生对土木工程学科的热情和兴趣。

本书由北京科技大学天津学院教师佟成玉、石晓娟担任主编，北京科技大学天津学院教师李金云、王璐、杨建功担任副主编。第 3、8、11 章由佟成玉编写，第 6、9、12 章由石晓娟编写，第 1、10 章由李金云编写，第 2、4 章由王璐编写，第 5、7 章由杨建功编写。编写大纲由佟成玉拟定，全书由佟成玉统稿，附录由石晓娟编写，北京科技大学刘胜富教授主审，西安建筑科技大学硕士研究生杨凌霞参加了书稿的文献查询、文字编校等工作。在此，对以上人员付出的辛勤劳动，表示衷心的感谢。同时感谢北京科技大学天津学院土木工程系和浙江大学出版社对本书的大力支持与帮助。

本书可作为普通高等院校土木工程专业的本科生教材，也可供土木工程施工、管理、设计等相关专业工程技术人员参考。

限于编者水平，书中可能存在疏漏、谬误，敬请广大读者批评指正。

编　者

2015 年 5 月

目　　录

第1章 绪　　论

学习目标

本章通过介绍土木工程发展史、土木工程专业、土木工程资格证书等方面知识，使刚接触土木工程的学生掌握土木工程的概念，了解土木工程发展史，熟悉土木工程专业从业方向以及各种资格证书。

1.1 土木工程概述

1.1.1 土木工程的含义

对于刚刚跨入大学校门的同学们来说，首先要搞清楚的问题就是什么是“土木工程”，以及“土木工程”包括什么。根据中国国务院学位委员会在学科简介中的定义：土木工程(civil engineering)是建造各类工程设施的科学技术的总称。它既指工程建设的对象，即建在地上、地下、水中的各种工程设施，也指所应用的材料、设备和所进行的勘测设计、施工、保养、维修等技术。因而，土木工程是一门范围广阔的综合性学科。

随着科学技术的进步和工程实践的发展，土木工程这个学科也已发展成为内涵广泛、门类众多、结构复杂的综合体系。土木工程包括房屋建筑工程、公路与城市道路工程、铁道工程、桥梁工程、隧道工程、机场工程、地下工程、给水排水工程、港口码头工程等。

1.1.2 土木工程需要解决的问题

土木工程是国家的基础产业和支柱产业，是开发和吸纳我国劳动力资源的一个重要平台，在国民经济中起着非常重要的作用。土木工程的实施，需要解决以下问题。

(1)土木工程需要解决的首要问题，是建造形成人类活动所需要的、功能良好和舒适美观的空间和通道，既是物质方面的需要，也是精神方面的需要。

(2)土木工程需要解决人类活动所需的空间和通道抵御破坏的能力。如地震、滑坡等。

(3)土木工程需要解决构成土木工程实体的材料的作用的充分发挥。从古至今，土木工程的发展要求与材料的数量、质量之间存在着相互依赖和相互矛盾的关系。材料在保证土木工程质量、对土木工程造价及土木工程技术都有明显而深远的影响。

(4)最后，土木工程需要从技术和经济层面综合考虑，表现为通过有效的技术途径和组织管理措施等，利用社会提供的有限的物资设备条件，以多快好省地组织人力、物力和财力，成功建造土木工程实体，并能安全耐久地使用。

发展土木工程的根本，是要培养大批掌握土木工程科学技术、具有解决上述问题的专业人才，土木工程专业就是为培养这类人才而设置的。

1.2 土木工程发展史

1.2.1 古代土木工程

土木工程的古代历史时期跨度很长，大致从新石器时代(约公元前5000年起)到17世纪中叶。在此期间，土木工程主要是进行房屋、桥梁建设，所用材料主要取之于自然，如石块、木材等，公元前1000年左右出现烧制的砖；建设工具多是手工制作，比较简单，以刀、斧、锤、铲、石夯为主。然而，古人仍用他们的智慧为我们留下了许多巧夺天工、精巧绝伦的建筑。

在新石器时代，原始人使用简单的木、石、骨制工具，伐木采石，模仿天然掩蔽物建造居住场所，开始人类最早的土木工程活动。随着生产力的发展，大约自公元前3 000年起，在材料方面，开始出现经过烧制加工的瓦和砖；在构造方面，形成木构架、石梁柱、券拱等结构体系；在工程内容方面，有宫室、陵墓、庙堂，还有许多较大型的道路、桥梁、水利等工程。

西安半坡村遗址(约公元前4800—前3600年)是黄河流域一处典型的新石器时代仰韶文化母系氏族聚落遗址，有很多圆形房屋，直径为5～6m，室内竖有木柱，以支撑上部屋顶，四周密排一圈小木柱，既起承托屋檐的结构作用，又是维护结构的龙骨。如图1-1、图1-2所示。

图1-1 西安半坡村遗址

图1-2 西安半坡村建筑剖面图

我国古代的房屋建筑以木结构为主。以山西应县木塔(见图1-3)为代表，应县木塔位于山西省朔州市应县城西北佛宫寺的释迦塔，全称为佛宫寺释迦塔，建于辽清宁二年(公元1056年)，金明昌六年(公元1195年)增修完毕。是中国现存最高、最古老的一座木构塔式建筑。释迦塔塔高67.31m，共9层，底层直径30.27m，呈平面八角形。全塔耗材红松木料3 000m^3，2 600多吨，为纯木结构，无钉无铆。其他木

图1-3 应县木塔

结构建筑如五台山佛光寺(公元857年)、蓟县独乐寺(公元987年)(见图1-4)、北京故宫等都是我国古代建筑瑰宝。

图1-4 蓟县独乐寺

我国古代砖石结构最著名的当数万里长城(见图1-5)。长城是世界古代史上最伟大的军事防御工程,曾数次抵御了外族的入侵。

图1-5 万里长城

由著名匠师李春设计建造的赵州桥(见图1-6),建于隋朝(公元605—618年),桥体全部用石料建成,是当今世界上现存最早、保存最完整的古代敞肩石拱桥。赵州桥全长50.82m,桥面宽10m,单孔跨度37.02m,矢高7.23m,用28条并列的石条拱砌成;拱肩上有4个小拱,既可减轻桥的自重,又便于排泄洪水,且显得美观。赵州桥凝聚了古代劳动人民的智慧与结晶,开创了中国桥梁建造的崭新局面。

图1-6 赵州桥

约公元前256年，在今四川灌县，李冰父子主持修建都江堰，解决围堰、防洪、灌溉以及水陆交通问题，是世界上最早的综合性大型水利工程。都江堰正确处理了鱼嘴分水堤、飞沙堰泄洪道、宝瓶口引水口等主体工程的关系，使其相互依赖、功能互补、巧妙配合、浑然一体，形成布局合理的系统工程。

此阶段，西方建筑大多为砖石结构。代表性建筑有埃及金字塔(见图1-7)、希腊的帕特农神庙、古罗马斗兽场、巴黎圣母院(见图1-8)等。

图1-7　埃及金字塔

图1-8　巴黎圣母院

1.2.2　近代土木工程

从17世纪中叶到20世纪中叶的300年间，是土木工程发展史中迅猛发展的阶段。这一时期，土木工程逐渐成为一门独立学科。

1683年，意大利学者伽利略发表了《关于两门新科学的对话》，首次用公式表达了梁的设计理论。1687年，牛顿总结出力学三大定律，为土木工程奠定了力学分析的基础。随后，在材料力学、弹性力学和材料强度理论的基础上，法国的纳维于1825年建立了土木工程中结构设计的容许应力法。从此，土木工程的结构设计有了比较系统的理论指导。

1824年波特兰水泥的发明、1859年转炉炼钢法的成功及1867年钢筋混凝土开始应用，使得建设材料由原来使用木材、石料、砖瓦转变为日益广泛地使用铸铁、钢材、混凝土、钢筋混凝土等。钢材及钢筋混凝土的推广使得土木工程建造可以更为高耸、复杂。施工机械方面，打桩机、压路机、挖土机、掘进机、起重机、吊装机等纷纷出现，为快速高效地建造土木工程提供了有力手段。土木工程也逐渐发展到房屋、道路、桥梁、铁路、隧道、港口、市政、卫生等工程建筑和工程设施，不仅能够在地面修建，有些工程还能在地下或水域内修建。

此阶段，一系列带有典型性的土木工程大量兴建：

1825年，英国用盾构开凿泰晤士河底隧道；同年，英国的乔治·斯蒂芬森(George Stephenson)建成第一条长达21km的铁路。

1863年，英国伦敦建成世界第一条长7.6km的地下铁道。

1875年，法国工程师约瑟夫·莫尼埃(Joseph Monier)主持建造了第一座长16m的钢筋混凝土桥。

1883年，美国芝加哥在世界上第一个采用了钢铁框架作为承重结构，建成第一座高达

11层的保险公司大厦，被誉为近代高层建筑的开端。

1885年，德国奔驰汽车问世，掀起了兴建高速公路的热潮，德国仅在1913—1942年间就修建了长达3 860km的高速公路网。

1889年，法国建成高达325m的埃菲尔铁塔(Eiffel Tower)，使用熟钢近10 000t之多(见图1-9)。

1928年，法国工程师欧仁·弗雷西内(Eugène Freyssinet)研制成功预应力混凝土，为钢筋混凝土结构向大跨高层发展提高了保障。

1930年，美国纽约建成了帝国大厦(见图1-10)，共102层，高378m，结构用钢超过5万吨，内装电梯67部，还有各种复杂的管网系统，帝国大厦在建成后40年内一直是世界第一高楼。

图1-9 埃菲尔铁塔

图1-10 纽约帝国大厦

1937年，美国在旧金山修建全长2 825m的金门悬索桥(见图1-11)，成为桥梁的代表性工程。金门大桥两座钢塔分别耸立在大桥南北两侧，高342m，其中高出水面部分为227m。钢塔之间的大桥跨度达1 280m，为世界所建大桥中罕见的单孔长跨距大吊桥之一。从海面到桥中心部的高度约60m，又宽又高，所以即使涨潮时，大型船只也能畅通无阻。

图1-11 金门悬索桥

这一时期在中国，由于清朝的闭关锁国，土木工程发展缓慢。1909年，詹天佑主持兴建了京张铁路，全长201.2km，是中国人自行设计和建造的第一条干线铁路。京张铁路自1905年10月2日起动工，1909年10月2日通车。

1934年，上海建成24层的钢结构国际饭店，其中地下2层，地面以上高83.8m，是当时全国也是当时亚洲最高的建筑物，并在上海一直保持高度的最高纪录达半个世纪。

1937年，由著名桥梁工程师茅以升设计并主持施工的钢结构的钱塘江大桥(见图1-12)在杭州建成，是我国桥梁史上一个辉煌的里程碑。

图1-12 钱塘江大桥

1.2.3 现代土木工程

20世纪中叶第二次世界大战结束后，随着世界经济的复苏，各国都大量投资于各种基础设施。欧洲、美国和日本的高速公路，德国莱茵河和法国塞纳河上的许多斜拉桥，欧洲、美国、日本等许多大城市高层建筑和地铁的发展，大跨度飞机库、体育馆、航空港站、核电站，以及由日本和丹麦两个岛国从20世纪60年代起率先启动的跨海工程(如海底隧道和跨海大桥)，纷纷兴建，构成了现代土木工程的辉煌时期。

为了满足人们生产和生活所需的各种特殊功能要求，现代土木工程早已超出了传统意义上挖土盖房、铺路架桥的范围，它与各行各业紧密相连、相互渗透、相互支持、相互促进，构成一幅人类在高科技水平上共同迈进的宏伟景象。以人们生活最密切的公共建筑和住宅建筑为例，它已不再仅是徒具四壁的房屋了，而要求同采暖、通风、给水、排水、供电、供热、供气、收视、通信计算机联网智能技术等现代高新技术密切联系在一起。

随着经济的发展和人口的增长，城市用地更加紧张，交通更加拥挤，迫使房屋建筑和道路交通向高空和地下发展。1973年，美国芝加哥建成高达443m的西尔斯大厦(Sears Tower)。1996年，马来西亚建成高452m的吉隆坡双子塔(Petronas Twin Tower)。采用钢筋混凝土和钢结构混合结构于1999年建成的上海金茂大厦高421m;采用钢结构于2008年建成的上海环球金融中心高达492m。目前世界最高的建筑为位于沙特阿拉伯联合酋长国迪拜的哈利法塔，高828m，162层。我国最高的建筑是高632m的上海中心大厦，建筑主体为118层，于2015年对外开放。

第二次世界大战后，高速公路兴建的高潮在世界范围展开。1984年，美国已建成高速公路81 105km，德国已建成高速公路12 000km，加拿大已建成高速公路6 268km，英国已建成高速公路2 793km，法国到1985年统计建成高速公路5 886km。我国国家高速公路网采用放射线与纵横网格相结合的布局方案，由7条首都放射线、9条南北纵线和18条东西横线组成，简称为“7918”网，总规模约8.5万千米，其中主线6.8万千米，地区环线、联络线等其他路线约1.7万千米。

与此同时，铁路也出现了向高速化发展的趋势。我国2014年1月1日起实施的《铁路安全管理条例》规定，高速铁路（高铁）是指设计开行时速250km以上（含预留），并且初期运营时速200km以上的客运列车专线铁路（客运专线）。20世纪80年代中期到20世纪90年代末期，国际上列车的时速已达300km。中国目前拥有全世界最大规模以及最高运营速度的高速铁路网。中国规划建设的“四纵四横”客运专线，目前“四纵”干线基本成型，“四横”部分路段通车。截至2014年12月28日，中国高铁运营总里程超过1 5000km。中国高速铁路运营里程约占世界高铁运营里程的50%，稳居世界高铁里程榜首。

交通高速化又直接促进隧道、桥梁技术的发展，不仅穿山越江的隧道日益增多，而且出现了长距离的海底隧道。1985年，穿越日本津轻海峡的青函海底隧道长达53.85km。1993年，贯通英吉利海峡的英法海底隧道实现通车。该隧道在海平面下100m处长度为50.3km，由两条直径为7.6m的火车隧道和一条直径为4.8m的服务隧道组成，人们用35分钟就可以从欧洲大陆穿越英吉利海峡到达英国本土。

桥梁方面，目前世界上跨度最大的悬索桥是日本明石海峡大桥，它于1998年建成，主跨1 991m，全长3 910m，可以承受8.5级强烈地震。斜拉桥是第二次世界大战以后出现的新桥型。20世纪50年代中期，瑞典建成第一座现代斜拉桥，自此，斜拉桥的发展呈现出强劲势头。1993年，上海建成杨浦斜拉桥，主跨602m，居当时世界第一。

在大跨度建筑方面，主要是体育馆、展览厅和大型储罐。例如，美国西雅图金群体育馆圆球顶直径为202m；法国巴黎工业展览馆三角形平面屋盖为218m×218m装配式薄壳；瑞典马尔默水塔容量为10 000m^3；北京工人体育馆的悬索屋盖直径为90m。1974年，我国建成第一个水封油库，曾荣获第一届全国科技大会“填补国家科技空白奖”。

目前，建筑设计理论日趋完善，尤其随着计算机技术的发展，设计计算方法更加精确，设计手段自动化程度不断提高；钢材、混凝土、预应力混凝土等材料应用更为成熟和广泛，铝合金、塑料、纤维等新材料迅速发展，建筑材料呈现轻质高强的发展趋势；施工技术和设备更为先进，大型吊装设备、混凝土搅拌运输车、盾构机等设备的出现解决了大型工程、高难工程的建造问题，施工效率显著提高；现代土木工程建设更注重节能、环保和可持续发展，节能环保材料的利用、建筑垃圾回收利用、污水处理、生态建筑、智能建筑等成为土木工程发展的新方向。

1.2.4 土木工程的未来

纵观人类文明史，土木工程建设在和自然斗争中不断地前进和发展。在我国的现代化建设中，土木工程也越来越成为国民经济发展的支柱产业。同时，随着社会和科技的发展，建筑物的规模、功能、造型和相应的建筑技术越来越大型化、复杂化和多样化，所采用的新材料、新设备、新的结构技术和施工技术日新月异，节能技术、信息控制技术、生态技术等日益与建筑相结合，建筑业和建筑物本身正在成为许多新技术的复合载体。而超高层和超大跨度建筑、特大跨度桥梁及作为大型复杂结构核心的现代结构技术则成为代表一个国家建筑科学技术发展水平的重要标志。在科技日新月异,同时面临生态环境、人口激增挑战的当前,土木工程将有很大的发展空间。

(1)建筑多样化及城市建筑立体化

我国土木工程正在朝着多样化和城市建筑立体化的方向发展,材料学和工程力学的发展推动了土木工程向着多样化的方向发展。为了解决能源紧缺、环境保护、交通拥堵等问题,越来越多的建筑结构形式产生。随着城市人口的密度逐渐增加,交通拥挤和用地紧张等问题也逐渐显现出来。为了解决城市用地问题,就需要发展立体建筑,也就是说,城市高层建筑会越来越多。

(2)向地下、海洋、沙漠、太空扩展

随着建筑业的迅速发展,建筑空间资源已经成为限制建筑业发展的一个重要因素。开发空间资源是解决建筑空间资源紧张的非常有效的途径,在我国可开发的空间资源有地下空间、沙漠、海洋以及宇宙空间。

向海洋的开拓从近代已经开始。为了防止噪声对居民的影响,也为了节约用地,许多机场已经开始填海造地。我国澳门机场、日本关西国际机场均修筑了海上的人工岛,在岛上建跑道和候机楼。另外,从航空母舰和大型运输船的建造得到启发,人们已经设想建立海上浮动城市。

全世界陆地中约有1/3为沙漠或荒漠地区,目前还很少开发。近来许多国家已经开始沙漠改造工作。在我国西北部,利用兴修水利、种植固沙植物、改良土壤等方法,已经使一些沙漠变成了绿洲。但大规模改造沙漠首先要解决水的问题,这也是开发沙漠的重要研究课题。

向太空发展是人类长期的梦想,在不久的将来,这一梦想可能变为现实。自1969年7月20日美国国家航空航天局(NASA)的阿波罗11号(Apollo 11)实现人类第一次登月以来,美国等的太空探索发展迅速,登陆火星看来将是人类步入太空的下一个目标。进入21世纪以来,美国、中国、欧盟和其他国家都在积极研究把载人飞行器送上火星。载人火星任务的最终目标除了让人类登陆火星以外,还包括火星殖民及火星地球化。

(3)工程材料将向轻质、高强、多功能化发展

随着科技不断发展和新能源不断开发,越来越多的高性能材料得以广泛地应用到土木工程中,比如说高标号水泥、玻璃纤维混凝土、聚合物浸渍混凝土以及复合型节能混凝土,还有新型的墙体材料,这些高性能材料的应用使得土木工程在结构、设计理论以及施工技术方面得到了新的发展。并且,土木工程中钢材也将朝着高强度、良好塑性以及可焊性等方向发展。高性能材料的应用是未来土木工程的一个重要发展趋势。

(4)信息和智能化技术全面引进土木工程

信息化建设是利用计算机技术、网络通信技术、智能信息处理技术、自动化控制技术等进行改造。信息化建设可以使一些传统手段难实现的工程得以顺利实施,信息化技术将全面革新设计技术和施工技术,信息化建设会大大推动土木工程业的发展。

1)信息化施工

信息化施工是在施工过程中所涉及的各部分各阶段广泛应用计算机信息技术,对工期、人力、材料、机械、资金、进度等信息进行收集、存储、处理和交流,并加以科学的综合利

用，为施工管理及时、准确地提供决策依据。信息化施工可以大幅度提高施工效率和保证工程质量，减少工程事故，有效控制成本，实现施工管理现代化。

2)智能化建筑

智能化建筑是将建筑、通信、计算机网络和监控等各方面的先进技术相互融合、集成为最优化的整体，配有对居住者的自动服务系统，可以为居住者提供温馨、舒适的居住环境。

3)土木工程分析的仿真系统

通过计算机仿真技术，模拟台风、地震、火灾、洪水等灾害作用下对工程结构的影响，从而揭示结构不安全的部位和因素，用此技术指导设计可大大提高工程结构的可靠性。

1.3 土木工程专业介绍

1.3.1 土木工程专业课程安排及能力素养要求

我国高等院校土木工程专业的培养目标是，培养适应社会主义现代化建设的需要、德智体全面发展、掌握土木工程学科的基本理论和基本知识、获得土木工程工程师基本训练、具有创新精神的高级工程科学技术人才，毕业后能从事土木工程设计、施工与管理工作，具有初步的工程规划与研究开发的能力，如建筑结构设计能力、施工技术问题解决能力、施工组织与管理能力及工程项目管理能力等。

在明确了土木工程专业培养目标之后，土木工程专业大一新生最希望进一步弄清的是土木工程专业的教学安排。

专业特点决定了课程的类型，除基础课、公共课之外，还有为培养工程专门人才打下坚实的理论基础的专业基础课，与本专业的工程科技、技能直接相关的专业课，为培养相应的技能和能力的实践类课程，以及为拓宽某些学科领域的知识而开设的选修课等类型。

(1)土木工程专业的主要课程

1)数学课程：高等数学、线性代数、概率论与数理统计。

2)计算机课程：计算机程序设计基础、计算机语言与程序设计、计算机制图、土木工程CAD技术基础等。

3)力学课程：大学物理中的力学部分、理论力学、材料力学、结构力学、土力学等。

4)专业基础课：土木工程概论、工程制图基础、测量学、房屋建筑学等。

5)专业课程：土木工程材料、混凝土结构、钢结构、砌体结构、基础工程、结构试验、施工技术、施工组织、工程合同与项目管理、工程概预算等。

6)实践类课程：物理试验、力学试验、材料试验、土工试验、结构试验、专业认识实习、测量实习、施工生产实习、毕业实习等。

(2)土木工程专业的能力素质要求

在土木工程学科的系统学习中，要想成为成功的土木工程师，除知识的积累外，还应重视以下能力的培养：

1)自主学习能力：土木工程内容广泛，新的技术又不断出现，因而学生要充分利用学校的教师条件、教育设施和教育环境，发挥自己最积极的学习主动性。可以借助网络、图书馆资源学习新知识。同时，对我们工科的学生来说，工程实践是很好的学习渠道。

2)综合解决问题的能力:实际工程问题的解决总是要综合运用各种知识和技能,在学习过程中要注意培养这种综合能力,尤其是实践类的试验和实习。

3)创新能力:当前社会对创新能力的要求日益提高,在大学学习生活中应当特别注重创新能力的培养。首先应当认真学习每一门课程,从小处着手,打好专业课基础。在此基础上,多思多想,开拓思维,培养开拓创新的精神和能力。

4)协调、管理能力:一项土木建设工程的完成,需要几百人、几千人,甚至上万人的共同努力。因此,培养自己的协调、管理能力非常重要。注重团队合作精神,做事合理、合法、合情,能极大地促进工作顺利开展,对以后的事业大有裨益。

1.3.2 土木工程专业从业方向

土木工程专业主要通过学生在校期间的课程学习及实践,培养从事房屋、路桥、隧道、机场、地下等工程的规划、勘测、设计、施工、养护等技术工作和研究工作的高层次工程人才,毕业生可在高校、设计部门和科研单位教学、设计、研究工作,也可以在管理、运营、施工、房地产开发等部门从事技术工作。

(1)土木工程专业的从业单位

常见的土木工程专业毕业生从业单位有:

1)建设单位

建设单位也称为业主单位或项目业主,指建设工程项目的投资主体或投资者,它也是建设项目管理的主体。建设单位提出建设规划并提供建设用地和建设资金,然后进行可行性研究分析,通过后即可通过招投标选择设计单位进行设计,进一步选择施工单位完成建设,并在项目后期运营中获利。

2)勘察设计单位

勘察设计单位是建设工程的勘察设计方,按合同和规范要求提供勘察、设计文件,设计成果主要以施工图的形式体现。对于建筑工程项目,设计单位后期需要参加工程地基与基础、主体结构、建筑节能等分部工程、单位(子单位)工程验收,并出具工程质量检查报告。

3)施工单位

施工单位一般称为乙方,是建设工程现场实施方,在施工现场进行施工作业技术及管理。施工单位应按所签署的合同中的工期按时交付施工成果,并保证工程质量。

4)监理单位

工程监理单位受建设单位委托,根据法律法规、工程建设标准、勘察设计文件及合同,主要在施工阶段对建设工程质量、造价、进度等进行实时控制,对合同、信息进行管理,对工程建设相关方的关系进行协调,并履行建设工程安全生产管理法定职责的服务活动。

5)工程咨询单位

工程咨询是指遵循独立、科学、公正的原则,运用工程技术、科学技术、经济管理和法律法规等多学科知识和经验,主要在前期立项阶段、勘察设计阶段为政府部门、项目业主及其他各类客户的工程建设项目决策和管理提供咨询活动的智力服务。咨询单位的服务内容一般包含:规划咨询;编制项目建议书、可行性研究报告等;评估咨询,包括资金申请报告评估、节能评审报告,以及项目后评价、概预决算审查等;指导项目设计单位进行各阶段设计工作,依据国家现行的设计规范、地方的规划要求,对各阶段设计成果文件进行复核及审查，纠正偏差和错误，提出优化建议，出具咨询报告。

(2)土木工程专业的从业发展方向

依据上面土木工程专业主要的从业单位，土木工程专业毕业生可作为工程技术人员在施工企业、房地产开发企业发展，可作为设计人员在设计院发展，可作为监理人员在监理单位、质监站工作，也可进一步学习深造，进而以公务员、教师等身份进入政府相关部门、大中专院校、科研机构工作。

1)工程技术人员

工程技术人员是土建工程的支柱，我们身边的高楼大厦正在不断地拔地而起，高铁、地铁网不断发展，土木建筑行业对工程技术人才的需求也随之不断增长。

选择工程技术道路的大学生，毕业后一般先从施工员或技术员做起，在有一定工程实践经验后可升任工程师或工长；随着我国执业资格认证制度的不断完善，土建行业工程技术人员不但需要精通专业知识和技术，特定职位还必须获得相应的执业资格证书(例如项目经理必须有建造师执业资格证书)。在具备一定年限的相关工作经验后，可报考所需的执业资格认证。工程技术人员的相关执业资格认证主要有全国一、二级注册建造师，全国注册土木工程师，全国一、二级注册结构工程师等。具备必要的条件后，可由工程师或工长升任技术经理，进一步到项目经理或总工程师。

想要从事工程技术工作的大学生，在实习中可选择建筑工地上的测量、建材、土木工程及路桥标段路基、路面、小桥涵的施工、测量工作。走上工作岗位后，应尽早报考并取得相关的执业资格，为自身进一步发展做打算。

2)工程咨询

工程咨询是高度智能化服务，需要多学科知识、技术、经验、方法和信息的集成及创新。工程咨询行业的代表职位有城市规划师、造价工程师等。

以造价工程师为例，毕业生进入工程咨询单位后，可先从造价员做起，积累工作经验，达到一定工作年限后，可考取造价工程师，通过自身努力，最终可成为高级咨询工程师。

想要从事工程咨询行业的大学生，实习时应尽量选取一些相关的单位和工作，如房地产估价、工程预算等。

3)工程监理

随着我国对建筑、路桥施工质量监管的日益规范，监理行业面临着空前的发展机遇，并且随着国家工程监理制度的日益完善，有着更加广阔的发展空间。

土木工程专业的大学生想要进入这个行业，可在通过考试后取得监理员上岗证，此后随工作经验的增加，考取相应级别的执业资格证书。待工作年限满足要求后，可考取监理工程师，以便从监理员升职成为项目直接负责人，进而成为专业监理工程师，考取国家注册监理工程师职业资格证后晋升为总监理工程师。

打算从事工程监理时，在实习期间，可选择与路桥、建筑方向等与自己所学方向相一致的监理公司，从事现场监理、测量、资料管理等工作。

4)工程检修

当前我国公路、铁路纵横交错，许多大中城市兴建地铁交通，这些轨道建筑都需要大量技术人员来检测和维修，因此，工程检修也是一个不错的选择。

工程检修一般由建设单位内部的工程技术人员实施，可从技术员做起，逐渐晋升为助理工程师、工程师和高级工程师。

1.3.3 土木工程专业从业岗位

对于大学毕业生而言，主要的九大基本岗位为：技术员、施工员、质检员、安全员、材料员、测量员、预算员、试验员、资料员。下面逐一介绍各岗位人员的主要职责。

(1)技术员

技术员在主管工程师的领导下开展各项技术工作：

配合主管工程师编写每月施工进度质量安全的月报表，向主管工程师审报所管领域的资金预算和具体支付。

负责初审施工单位报来的施工组织设计，施工过程中配合监理全面负责有关工程的施工检查验收，直到竣工验收合格交付使用。

熟悉施工图纸、施工规范和质量检查验收评定标准，负责工程进度、安全消防等文明施工的检查监督。

负责现场协调设计、土建、安装在进度与质量关系上的矛盾。

参加所管理工程范围内的工程、材料、设备的招投标及合同的准备工作，及时对进场材料、设备的供货质量进行监督、检查、认可。

核签有关工程进度、质量、工程量的资料，并报总工程师及部门经理；审核整理工程竣工资料，并报资料员存档备案。

对现场安全保障设施、措施及施工中人员、机械设备的安全状况予以监督，并及时提出整改意见等。

(2)施工员

施工员在项目经理的直接领导下开展工作：

认真熟悉施工图纸、编制各项施工组织设计方案和施工安全、质量、技术方案，编制各单项工程进度计划及人力、物力计划和机具、用具、设备计划。

协同项目经理认真履行《建设工程施工合同》条款，保证施工顺利进行，维护企业的信誉和经济利益。

编制文明工地实施方案，根据本工程施工现场合理规划布局现场平面图，安排、实施创建文明工地工作。

编制工程总进度计划表和月进度计划表及各施工班组的月进度计划表。

搞好分项总承包的成本核算(按单项和分部分项)单独及时核算，并将核算结果及时通知承包部的管理人员，以便及时改进施工计划及方案，争创更高效益。

向各班组下达施工任务书及材料限额领料单，配合项目经理工作。

督促施工材料、设备按时进场，并处于合格状态，确保工程顺利进行。

参加工程竣工交验，负责工程完好保护。

合理调配生产要素，严密组织施工确保工程进度和质量。

组织隐蔽工程验收，参加分部分项工程的质量评定。

(3)质检员

质检员主要进行以下工作：

根据受监工程的设计文件、施工方案、施工规范、操作规程和工程质量验收标准等有关资料,编制受监工程质量监督计划,并按照质量监督计划实施监督管理工作。

深入施工现场,对地基基础、主体结构、关键工序等实施重点监督,对原材料、构配件、设备按规定进行监督检测。

对受监项目实施全过程质量监督管理,发现严重工程质量问题及时按规定查处,并向上级汇报。

负责制订过程检验计划,定期进行工程质量检查、分析,并提出改进措施,监督整改、纠正的情况;参加工程质量事故调查处理,及时提交事故调查报告。

负责工程的隐、预检、分部分项工程质量评定的审核和资料的收集工作,确保资料的完整、准确,编写受监工程质量监督报告。

认真填写监督工作手册和工作纪实手册,并按时提交工作总结;

(4)安全员

安全员负责安全生产的日常监督与管理工作,控制安全事故的发生。其主要职责有:

贯彻执行安全生产的有关法规、标准和规定,做好安全生产的宣传教育工作。

参与对工程项目施工组织设计(施工方案)中的安技措施的审核,并对其贯彻执行情况进行监督、检查、指导和服务。

参加安全检查,负责做好记录,总结和签发事故隐患通知书等工作。

认真调查研究,及时总结经验,协助领导贯彻和落实各项规章制度和安全措施,改进安全生产管理工作。

协助配合部门技术负责人,共同做好对新工人的教育工作和对特种作业人员的安全培训工作。

(5)材料员

材料员主要负责工程材料采购,保证选购材料质量,确保材料的及时供应。其主要职责有:

熟悉工程情况、施工进度,结合工程施工条件及资金状况,认真按照项目部提供的材料用量计划及时组织材料进场。

严把进购材料质量关,严禁进购不合格、质次价高、冒牌伪劣的材料。凡不明质量和标准的材料,应邀请材料主管、项目经理、项目技术负责人、质检员或公司负责人验明质量再进货;若因主管失职、失误购进不合格材料,公司追究其主要责任。

做好材料选购工作,尤其在质、价、数等方面,一定要“货比三家”,确保经济实用、力行节俭;严禁在采购过程中故意抬高单价、以次充好、徇私舞弊、收受回扣。

严格控制进购材料的数量、重量(包括超出标准误差的量)。办理进购手续要明确品名类别,精确单位数量以及单价,签字、印章必须真实规范,金额大小写要相符。

保质保量、及时准确地保证材料供应。接到总经理批准的材料计划单,发现所规定供应时间不能完成时,须提前向项目经理声明,负责造成项目部停工滞料损失,应承担主要责任。

(6)测量员

建筑施工测量是建筑施工的一项重要内容,测量员的主要职责是:

测量前需了解设计意图,学习和校核图纸;了解施工部署,制定测量放线方案。

测量仪器的核定、校正。

与设计、施工等方面密切配合,并事先做好充分的准备工作,制订切实可行的与施工同步的测量放线方案。

须在整个施工的各个阶段和各主要部位做好放线、验线工作,并要在审查测量放线方案和指导检查测量放线工作等方面加强工作,避免返工。

准确地测设标高。

负责垂直观测、沉降观测,并记录整理观测结果(数据和曲线图表)。

负责及时整理完善基线复核、测量记录等测量资料。

(7)预算员

预算员是对工程建设费用进行预算,其主要职责是:

工程项目开工前必须熟悉图纸、熟悉现场,对工程合同和协议有一定程度的理解。

编制预算前必须获取技术部门的施工方案等资料,便于正确编制预算。

参与各类合同的洽谈,掌握资料,做出单价分析,供项目经理参考。

及时掌握有关的经济政策、法规的变化,如人工费、材料费等调整,及时分析调整后的数据。

及时编制好施工图(施工)预算,正确计算工程量等。

施工过程中要及时收集技术变更和签证单,并依次进行登记编号,及时做好增减账,作为工程决算的依据。

协助项目经理做好各类经济预测工作,提供有关测算资料。

及时编制竣工决算,随时掌握预算成本、实际成本,做到心中有数。

经常性地结合实际,开展定额分析活动,对各种资源消耗超过定额取定标准的,及时向项目经理汇报。

(8)实验员

实验员主要检验现场材料的相关性能,其主要职责有:

确保工程质量,严格执行规范,按照规范规定频率取样,取样要真实,不弄虚作假。

针对当天做的试验填写出报告,为工地施工提供准确的数据。坚持不合格的材料不用于工程中,对所出具的报告负责。

爱护试验仪器及一切试验设备,保持试验器材的清洁完整,如出现误差,应及时校核准确。

熟悉各种材料的分类品种、技术性能和质量标准,掌握各种材料所要求的技术指标和试验检测方法。

提高试验操作性能的熟悉程度,严格按试验操作的规程操作,把握试验数据的真实性与可靠性,准确、及时、密切配合现场施工。

鉴定运到现场、加工厂等地的专用施工的原材料,检验施工现场成品质量。

不断积累各项试验数据,对试验资料进行统计分析,并提出分析报告和建议,协助中心试验室做好研究、推广和应用新材料、新技术的工作。

(9)资料员

资料员负责工程项目的资料档案管理、计划、统计管理及内业管理工作。其主要职责有:

收集整理齐全工程前期的各种资料。

按照文明工地的要求,及时整理齐全文明工地资料。

做好本工程的工程资料,并与工程进度同步。

工程资料应认真填写,字迹工整,装订整齐。

填写施工现场天气晴雨、温度表。

登记保管好项目部的各种书籍、资料表格。

收集保存好公司及相关部门的会议文件。

及时做好资料的审查备案工作。

1.4 土木工程职业资格证书

职业资格是对从事某一职业所必备的学识、技术和能力的基本要求。职业资格包括从业资格和执业资格。从业资格是指从事某一专业(工种)学识、技术和能力的起点标准。执业资格是指政府对某些责任较大、社会通用性强、关系公共利益的专业(工种)实行准入控制,是依法独立开业或从事某一特定专业(工种)学识、技术和能力的必备标准。从业资格通过学历认定或考试取得。执业资格通过考试方法取得。

1.4.1 土木工程职业资格制度

职业资格分别由国务院劳动、人事行政部门通过学历认定、资格考试、专家评定、职业技能鉴定等方式进行评价,对合格者授予国家职业资格证书。资格证书是证书持有人专业水平能力的证明,可作为求职、就业的凭证和从事特定专业的法定注册凭证。

对于土木工程而言,从业资格考试即"建筑专业技术人员岗位培训统考",包括常说的"建筑九大员"。随着国家对建筑施工领域的要求越来越严格,目前九大员必须持证上岗,建筑九大员考试合格者将持证上岗且全国通用。

土木工程执业资格包含各种与土木工程相关的注册工程师证书。我国从20世纪90年代开始已为从事勘察设计的专业技术人员设立了注册建筑师、注册结构工程师、注册土木工程师(岩土)等执业资格,为决策和建设咨询人员建立了注册监理工程师、注册造价师等执业资格,2002年,为从事建设施工的技术人员设立了注册建造师制度。同时在土木工程相关领域设立了注册规划师、注册房地产估价师、注册资产评估师、注册会计师等执业资格。

注册工程师制度作为一种行业准入制度明确了从业人员的素质要求。1997年9月,建设部、人事部印发了《注册结构工程师执业资格暂行规定》,从此,注册结构工程师执业制度在工程建设领域试点并逐步推广开来。1998年3月施行的《中华人民共和国建筑法》第14条明确规定:"从事建筑活动的专业技术人员,应当依法取得相应的执业资格证书,并在执业资格证书许可的范围内从事建筑活动。"同年开始实施注册造价师、监理师执业资格注册考试制度。2001年1月,人事部、建设部正式出台的《勘察设计行业注册工程师制度总体框架及实施规划》是建立全行业注册制度的纲领性文件,标志着我国注册工程师制度的全面启动。注册工程师应当是土木行业具备良好专业素质的复合型人才。以注册建造师为例,一名注册建造师,应该是懂技术、懂管理、懂经济、懂法规且综合素质较高的复合型人员,既要有一定的理论水平,更要有丰富的实践经验和较强的组织能力。土木工程从业资格及职业资格证书报考条件不同，各岗位主要职责也不同。

1.4.2 土木工程职业资格证书

(1)从业资格证书

“建筑九大员”能力要求相对较低，一般专科毕业一年后或应届本科毕业生即可参与相应考试，获取相应证书。考试科目相对简单，一般考一到两科。

(2)执业资格证书

土木工程各种执业资格证书对执业人员要求相对较高，报考资格也相对较高。下面简单介绍几种土木工程执业证书。

1)注册土木工程师(岩土)

注册土木工程师是指取得中华人民共和国注册土木工程师执业资格证书和中华人民共和国注册土木工程师执业资格注册证书，并从事该工程工作的专业技术人员。注册土木工程师分为岩土、港口与航道工程、水利水电工程三个专业。

考试分为基础考试和专业考试两部分，基础考试合格方可报考专业考试。土木工程师考试内容几乎涉及大学期间工科所学所有内容，考试较难通过。

①基础考试报名条件

取得本专业(指勘察技术与工程、土木工程、水利水电工程、港口航道与海岸工程专业，下同)或相近专业(指地质勘探、环境工程、工程力学专业，下同)大学本科及以上学历或学位；

取得本专业或相近专业大学专科学历，从事岩土工程专业工作满1年；

取得其他工科专业大学本科及以上学历或学位，从事岩土工程专业工作满1年。

②专业考试报名条件

基础考试合格，并具备以下条件之一者，可申请参加专业考试：

取得本专业博士学位，累计从事岩土工程专业工作满2年，或取得相近专业博士学位，累计从事岩土工程专业工作满3年；

取得本专业硕士学位，累计从事岩土工程专业工作满3年，或取得相近专业硕士学位，累计从事岩土工程专业工作满4年；

取得本专业双学士学位或研究生班毕业，累计从事岩土工程专业工作满4年，或取得相近专业双学士学位或研究生班毕业，累计从事岩土工程专业工作满5年；

取得本专业大学本科学历，累计从事岩土工程专业工作满5年，或取得相近专业大学本科学历，累计从事岩土工程专业工作满6年；

取得本专业大学专科学历，累计从事岩土工程专业工作满6年，或取得相近专业大学专科学历，累计从事岩土工程专业工作满7年；

取得其他工科专业大学本科及以上学历或学位，累计从事岩土工程专业工作满8年。

考试通过即可注册执业，注册土木工程师(岩土)初始注册有效期为3年，有效期届满需要继续注册的，应当在期满前3个月内重新办理注册登记手续。

③注册土木工程师(岩土)的执业范围

岩土工程勘察；岩土工程设计；岩土工程咨询与监理；岩土工程治理、检测与监测；环境岩土工程和与岩土工程有关的水文地质工程业务；国务院有关部门规定的其他业务。

2)注册结构工程师

注册结构工程师，是指取得中华人民共和国注册结构工程师执业资格证书和中华人民共和国注册结构工程师执业资格注册证书，从事房屋结构、桥梁结构及塔架结构等工程设计及相关业务的专业技术人员。结构工程师对建设工程的质量负有直接的、重大的责任。注册结构工程师分为一级注册结构工程师和二级注册结构工程师。

结构工程师考试一般在9月进行，考试科目为基础考试和专业考试。其中，基础考试包括高等数学、普通物理、普通化学、理论力学、材料力学、流体力学、计算机应用基础、电工电子技术、工程经济、信号与信息技术、土木工程材料、工程测量、职业法规、土木工程施工与管理、结构设计、结构力学、结构试验、土力学与地基基础。专业考试包括钢筋混凝土结构、钢结构、砌体结构与木结构、地基与基础、高层建筑、高耸结构与横向作用、桥梁结构。二级注册结构工程师只考专业课。

注册结构工程师的执业范围为：结构工程设计；结构工程设计技术咨询；建筑物、构筑物、工程设施等调查和鉴定；对本人主持设计的项目进行施工指导和监督；建设部和国务院有关部门规定的其他业务。

3)注册建造师

注册建造师是指从事建设工程项目总承包和施工管理关键岗位的执业注册人员。建造师注册受聘后，可以建造师的名义担任建设工程项目施工的项目经理，从事其他施工活动的管理，从事法律、行政法规或国务院建设行政主管部门规定的其他业务。建造师的职责是根据企业法定代表人的授权，对工程项目自开工准备至竣工验收，实施全面的组织管理。

一级建造师考试一般在9月进行，由全国统一组织；二级建造师考试一般在6月进行，由各省组织。一级建造师考试科目为四科：建设工程经济、建设工程项目管理、建设工程法规及相关知识、专业工程管理与实务。二级建造师考试科目为3科：建设工程施工管理、建设工程法规及相关知识、专业工程管理与实务(6个类别)。

①一级建造师报考条件

取得工程类或工程经济类大学专科学历，工作满6年，其中从事建设工程项目施工管理工作满4年；

取得工程类或工程经济类大学本科学历，工作满4年，其中从事建设工程项目施工管理工作满3年；

取得工程类或工程经济类双学士学位或研究生班毕业，工作满3年，其中从事建设工程项目施工管理工作满2年；

取得工程类或工程经济类硕士学位，工作满2年，其中从事建设工程项目施工管理工作满1年；

取得工程类或工程经济类博士学位，从事建设工程项目施工管理工作满1年。

②二级建造师报考条件

具备工程类或工程经济类中专科以上学历并从事建设工程项目施工与管理工作满2年；

具备其他专业中专及以上学历并从事建设工程项目施工管理工作满5年；

从事建设工程项目施工与管理工作满15年。

建造师考试成绩实行滚动管理，考生需在连续两个考试年度内通过全部科目。取得资格证书的人员应受聘于一个具有建设工程勘察、设计、施工、监理、招标代理、造价咨询等一项或多项资质的单位，经注册后方可从事相应的执业活动。担任施工单位的项目负责人的，应受聘并注册于一个具有施工资质的企业。建造师执业资格注册有效期一般为3年，期满前3个月，要办理再次注册手续。

注册建造师以建设工程项目施工的项目经理为主要岗位。但是，同时鼓励和提倡注册建造师"一师多岗"，从事国家规定的其他业务，例如担任质量监督工程师等。

4)注册监理工程师

注册监理工程师是指经全国统一考试合格，取得监理工程师资格证书并经注册登记的工程建设监理人员。作为业主监控质量的代表，监理工程师应当懂得工程技术知识、成本核算，同时需要非常清楚建筑法规。监理人员包括监理员、专业监理工程师和总监理工程师。其中总监理工程师指由监理单位法定代表人书面授权，全面负责委托监理合同的履行。

监理工程师考试一般在5月，考试设4个科目：建设工程合同管理，建设工程质量、投资、进度控制，建设工程监理基本理论与相关法规，建设工程监理案例分析。满足以下要求者可参加监理工程师考试：

工程技术或工程经济专业大专(含大专)以上学历，按照国家有关规定，取得工程技术或工程经济专业中级职务，并任职满3年；

按照国家有关规定，取得工程技术或工程经济专业高级职务；

1970年(含1970年)以前工程技术或工程经济专业中专毕业，按照国家有关规定，取得工程技术或工程经济专业中级职务，并任职满3年。

5)注册造价工程师

注册造价工程师是指经全国统一考试合格，取得造价工程师执业资格证书并经注册登记，在建设工程中从事造价业务活动的专业技术人员。凡从事工程建设活动的建设、设计、施工、工程造价咨询、工程造价管理等单位和部门，必须在计价、评估、审查(核)、控制及管理等岗位配套有造价工程师执业资格的专业技术人员。

造价工程师考试一般在10月份，考试设4个科目：建设工程造价管理、建设工程计价、建设工程技术与计量(土建、安装)和建设工程造价案例分析。

①注册造价工程师报考条件

工程造价专业大专毕业后，从事工程造价业务工作满5年；

工程或工程经济类大专毕业后，从事工程造价业务工作满6年；

工程造价专业本科毕业后，从事工程造价业务工作满4年；

工程或工程经济类本科毕业后，从事工程造价业务工作满5年；

获上述专业第二学士学位或研究生班毕业和取得硕士学位后，从事工程造价业务工作满3年；

获上述专业博士学位后，从事工程造价业务工作满2年。

造价师执业资格初始注册有效期为4年。

②注册造价工程师执业范围

建设项目投资估算的编制、审核及项目经济评价；工程概算、工程预算、工程结算、竣工决算、工程招标标底价以及投标报价的编制、审核;工程变更及合同价款的调整和索赔费用的计算;建设项目各阶段的工程造价控制;工程经济纠纷的鉴定;工程造价计价依据的编制、审核;与工程造价业务有关的其他事项。

与土木工程相关的注册执业资格证书还有注册建筑师、注册电气工程师、注册公用设备工程师、注册环境影响评价工程师、注册安全工程师、注册咨询工程师等。如注册建筑师,一般为建筑学专业学生考取;注册电气工程师一般为电气设备专业学生考取。在建筑市场日益规范的今天,执业资格证书是土木工程专业的学生个人发展的基本前提。大学期间应当努力学好专业知识,为以后考取各种执业证书打下基础。

复习思考题

1. 土木工程的概念是什么?
2. 土木工程包括哪些内容?
3. 请简述土木工程发展史。
4. 土木工程的未来有哪些发展方向?
5. 请列举几个土木工程执业资格证书。
6. 作为土木工程专业的学生,应该如何学习土木工程?

第 2 章　土木工程材料

学习目标

本章通过介绍建设工程中常用材料的基本组成、结构与构造、技术性质、生产工艺及应用方法等方面的基本知识，使学生掌握常用材料的结构、性能，了解材料的应用及检测方面的知识，并能初步判断材料用途，在工程实践中合理选择和使用。

2.1　土木工程材料的作用与分类

在现代化建设中，土木工程中使用的各种材料和物品，都统称为土木工程材料。材料是土木工程的物质基础，从生产、检验，到运输、贮存、保管、使用，任何环节的失误都有可能导致工程质量缺陷和工程质量事故，危害使用者的生命和财产安全。土木工程材料性能各异，品种繁多，在基础建设中用量也很大，这就要求在施工过程中正确选择并合理使用土木工程材料，保证建设项目的安全、经济、适用、美观。

2.1.1　土木工程材料的作用

早在原始社会时期，人们为了抵御雨雪风寒和野兽袭击，居于天然山穴和树巢中，即所谓"穴居巢处"。进入石器、铁器时代，人们开始使用简单的工具砍伐树木和茅草，搭建简单的房屋，开凿石材，建造简易的房屋以及祭祀性构筑物。青铜器时代出现了木结构及"版筑建筑"，即墙体用木板或木棍做边框，然后在框内浇注黏土，用木杵夯实之后将木板拆除的建筑物。此时人们已经能够建造出舒适性较好的建筑物，所使用的主要是天然石材、木材、黏土、茅草等天然材料。

到了人类能够用黏土烧制砖、瓦，用石灰岩烧制石灰之后，土木工程材料由天然材料进入了人工材料阶段，使用的结构材料主要是砖、石和木材。

从 18 世纪中叶钢材及混凝土开始在土木工程中应用，到 19 世纪 20 年代后期预应力混凝土制造成功，建筑材料实现了两个飞跃，使建造摩天大楼和跨海峡 1 000m 以上大桥成为可能。

2.1.2　土木工程材料的分类

任何建筑物、构筑物都是由各种材料按照一定的要求搭建而成的，广义的土木工程材料包括：构成建筑物、构筑物的材料，如水泥、混凝土、钢材以及围护材料、面层材料、防水材料、装饰材料等；施工过程中的辅助材料，如脚手架、模板等；各种设备及材料，如给排水设备和材料、暖通设备和材料、消防设备和材料、强电弱电设备和材料、网络设备和材料等。狭义的土木工程材料是指直接构成土木工程实体的材料，即水泥、混凝土、钢材、石灰、木材、石材、沥青、塑料等。

由于土木工程所使用的材料品种繁多，为了方便应用，常按不同原则加以分类。

(1)按材料来源分类(见表2-1)

表2-1　土木工程材料按材料来源分类

天然材料	石材、木材、竹材等
人造材料	水泥、陶瓷、塑料等

(2)按化学成分分类(见表2-2)

表2-2　土木工程材料按化学成分分类

无机材料	金属材料	黑色金属	铁、碳素钢、合金钢等
		有色金属	铝、铜及其合金等
	非金属材料	天然石材	石板、碎石、砂等
		烧结制品	砖、瓦、陶瓷等
		胶凝材料	石灰、水泥、石膏等
		玻璃及熔融制品	玻璃、玻璃纤维等
有机材料	植物质材料		木材、竹材、植物纤维及其制品等
	沥青材料		石油沥青、煤沥青及其制品等
	合成高分子材料		塑料、橡胶、有机涂料、黏胶剂等
复合材料	无机—无机复合材料		混凝土、钢筋混凝土、碳纤维混凝土等
	无机—有机复合材料		沥青混凝土、玻璃钢、PVC钢板等
	有机—有机复合材料		沥青类防水材料及其制品等

(3)按使用功能分类(见表2-3)

表2-3　土木工程材料按使用功能分类

结构材料(承重构件使用的材料)	混凝土、水泥、砂、石、钢材等
墙体材料(建筑内外及隔墙使用的材料)	空心砖、多孔砖、加气混凝土砌块等
功能材料(建筑所需相应功能使用的材料)	装饰装修材料、防水材料、保温隔热材料等

2.2 土木工程常用材料

2.2.1 天然材料

在原始社会，由于生产力低下，人们只会使用一些简单的工具，那时的建筑大多就地取材，从最开始远离水源的山洞穴居，到后来可以逐水而居的茅屋，以及结构更加坚固的木屋、石屋，这些建筑的材料都是直接取材于天然，所以叫作天然材料。

(1)木材

木材历史悠久，是人类历史上最早使用的建筑材料之一。山西省五台县境内、距离五台山风景区核心约100km处，有个名为南禅寺的寺庙，它是五台山整个佛教寺院中最小的一座，但它却是目前世界上现存最古老的木结构建筑。五台山南禅寺最初创建年代不详，而据《中国古代建筑史·第二卷》记载，南禅寺大殿至少在公元782年(唐建中三年)经过一次重修，这比五台山佛光寺东大殿还要早75年，保存至今已达千年之久，是中国珍贵的物质文化遗产，被建筑学家称为国宝。而举世闻名的北京故宫也是典型的木结构建筑，故宫是现存世界最大、最完整的木结构古建筑群，是无与伦比的古建筑杰作。

1)木材的特性

随着时间的推移，木材用于现代建筑结构的数量相应减少，但木材具有许多其他材料无法替代的优良特性，如木材特有的美丽、天然的花纹，给人一种古朴、典雅、亲切的美感，以及木材具有调节室内温度、空气湿度的能力，因此仍被广泛用于装饰装修行业。木材以它特有的功用和价值，创造了千姿百态的装饰新领域，虽然其他种类的新材料不断出现，但木材仍然是家具和建筑领域不可缺少的材料，其优点可以归结如下：

①不可替代的天然性。木材是天然的，有独特的质地与构造，其纹理、年轮和色泽等能够给人们一种回归自然、返璞归真的感觉，深受人们喜爱。

②典型的绿色材料。木材本身不存在污染源，其散发的清香和纯真的视觉感受有益于人们的身体健康。与塑料、钢铁等材料相比，木材是可循环利用和永续利用的材料。

③优良的物理力学性能。木材是质轻而高比强度的材料，具有良好的绝热、吸声、吸湿和绝缘性能。同时，木材与钢铁、水泥和石材相比具有一定的弹性，可以缓和冲击力，提高人们居住和行走的安全性。

④良好的加工性。木材可以方便地进行锯、刨、铣、钉、剪等机械加工以及贴、黏、涂、画、烙、雕等装饰加工。

但是，与此同时，木材也有一些缺点：

①干缩湿胀，各向异性。木材含水率在纤维饱和点以下变动时，其尺寸也随之变化。由于各向异性，木材在各个方向的干缩湿胀都存在着差异，可能导致木材发生开裂、翘曲等缺陷。

②木材容易腐朽和虫蛀。

③木材易燃烧。

④木材存在天然缺陷，如节疤、虫眼等。

2)木材的种类

土木工程中使用的木材是由天然树木加工而成，树木的种类不同，木材的性质及应用也不同，因此必须了解木材的种类，才能合理地选用木材。树木通常分为针叶树和阔叶树两大类(见图 2-1)。

图 2-1　针叶树(左)和阔叶树(右)

①针叶树(软木材)，如杉木、红松、白松、黄花松等，树叶细长，大部分为常绿树。其树干直而高大，纹理顺直，木质较软，易加工，故又称软木材。其表观密度小，强度较高，胀缩变形小，是建筑工程中的主要用材，广泛用于制作承重构件、模板和门窗等。

②阔叶树(硬木材)，如桦、榆、水曲柳等，树叶宽大呈片状，大多数为落叶树。树干通直，部分较短，木材较硬，加工比较困难，故又称为硬(杂)木材。其表观密度较大，易胀缩、翘曲、开裂，常用作室内装饰、次要承重构件、胶合板等。

(2)天然石材

天然石材是最古老的建筑材料之一，世界上许多著名的建筑物都是由天然石材建造而成的。近几十年来，钢筋混凝土虽然在很大程度上代替了天然石材作结构材料，但从石材的开采量和应用范围来看，天然石材在建筑上仍获得了广泛的应用。

天然石材在地球表面蕴含丰富，分布广泛，便于就地取材。在性能上，天然石材具有抗压强度高、耐久、耐磨等特点。在建筑物立面上使用天然石材，具有坚实、稳重的质感，可以取得凝重庄严、雄伟的艺术效果，但是，天然石材开采、加工困难，表观密度大。

根据岩石的成因，按地质分类法，天然岩石可分为岩浆岩(火成岩)、沉积岩和变质岩三大类见(图 2-2)。

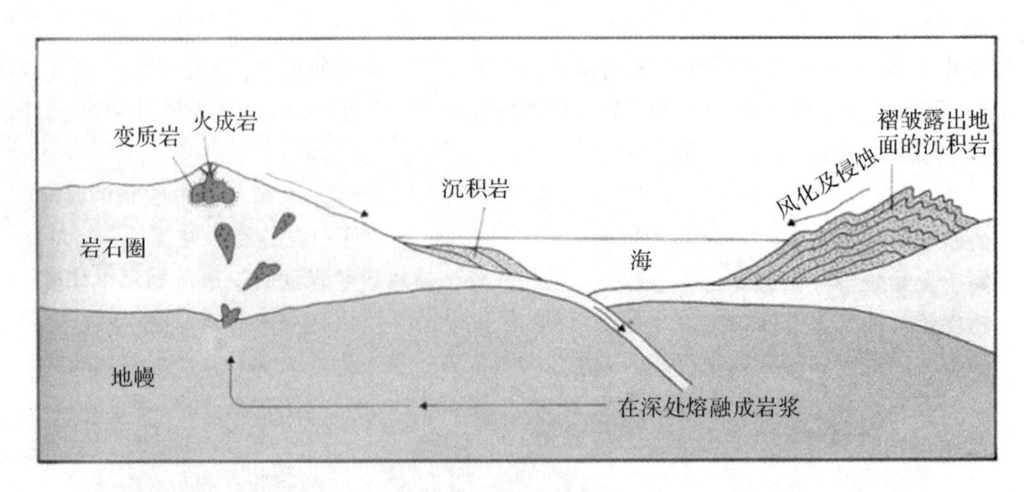

图 2-2 岩石的形成

2.2.2 砌体材料

砌体结构历史悠久,“秦砖汉瓦”之说即说明两千年前我国砖瓦材料运用已很普遍。19世纪中叶,水泥中加入砂浆,形成水泥砂浆等,提高了砌体强度。古代采用砌体结构的著名建筑有长城、大雁塔、嵩岳寺砖塔、安济桥、无梁殿等。

所谓砌体材料,就是组成建筑物砌体的所有材料。传统意义上的砌体材料主要有砖、块、板三种形式的制品。随着建筑业发展,砌体的功能要求越来越高,用于建筑物砌体的保温隔热材料、黏结抹灰材料自然成为砌体材料不可分割的组成部分。

(1)砖

砖是一种大家比较熟悉的建筑材料,砌筑用的人造小型块材,外观通常呈长方体小块状,也有各种异形的,是构成墙体的主要材料。普通砖的外形为直角六面体,标准公称尺寸为240mm×115mm×53mm,再加上10mm砌筑灰缝,4块砖长、8块砖宽或16块砖厚均为1m。$1m^3$ 砌体需砖512块。

砖的种类很多,通常按生产工艺分为烧结砖和非烧结砖。

(2)砌块

砌块是利用混凝土、工业废料(炉渣,粉煤灰等)或地方材料制成的人造块材,是砌筑用的一种墙体材料。外形多为直角六面体,也有各种异形体砌块。砌块系列中主要规格的长度、宽度或高度有一项或一项以上分别超过365mm、240mm或115mm,但砌块高度一般不大于长度或宽度的6倍,长度不超过高度的3倍。

砌块通常根据所用主要原料及生产工艺命名,如混凝土砌块(以碎石或卵石为粗骨料),轻骨料混凝土砌块(以火山灰、煤渣、陶粒、煤矸石为粗骨料)、烧结空心砌块、轻质加气混凝土砌块和石膏砌块等。

2.2.3 无机胶凝材料

凡是经过一系列的物理、化学变化,能将散粒状材料或块状材料黏结成整体的材料,统称为胶凝材料。

根据胶凝材料的化学组成，可将其分为无机胶凝材料和有机胶凝材料两大类。相比较而言，无机胶凝材料在土木工程中的应用更加广泛。

无机胶凝材料按硬化条件不同又分为气硬性和水硬性两种。

气硬性胶凝材料只能在空气中凝结硬化和增长强度，所以只适用于地上和干燥环境中，不能用于潮湿环境，更不能用于水中。如建筑石膏、石灰、水玻璃和菱苦土等。

而水硬性胶凝材料，不但能在空气中凝结硬化和增长强度，在潮湿环境甚至水中也能更好地凝结硬化和增长强度，因此它既适用于地上，也适用于潮湿环境或水中。如各种水泥。

(1)石灰

石灰是人类较早使用的无机胶凝材料之一。由于其原料分布广，生产工艺简单，成本低廉，在土木工程中应用广泛，主要用途如下：

1)石灰乳和砂浆

在墙面装饰中，常用消石灰粉或石灰膏掺加大量水用于墙面粉刷，还可用石灰膏或消石灰粉配制石灰砂浆或水泥石灰混合砂浆，用于砌筑或抹灰工程。

2)石灰稳定土

将消石灰粉或生石灰粉掺入各种粉碎或原来松散的土中，经拌和、压实及养护后得到的混合料，称为石灰稳定土。它包括石灰土、石灰稳定砂砾土、石灰碎石土等。石灰稳定土具有一定的强度和耐水性，广泛用作建筑物的基础、地面的垫层及道路的路面基层。

3)硅酸盐制品

以石灰(消石灰粉或生石灰粉)与硅质材料(砂、粉煤灰、火山灰、矿渣等)为主要原料，经过配料、拌和、成型和养护后可制得砖、砌块等各种制品，因内部的胶凝物质主要是水化硅酸钙，所以称为硅酸盐制品。常用的有灰砂砖、粉煤灰砖等。

(2)石膏

如今，环保已经成为全世界普遍关注的话题，随着生态建筑和绿色建材概念日益为人们所接受，以石膏为主体的绿色建材在我国也越来越受到建筑业界的关注，这是因为：第一，石膏是一种公认的绿色建材，石膏建材制品对人体无害，在长期使用过程中不会有任何有害气体释放，并且石膏无放射性，没有重金属的危害，而且石膏可入药，也可做食品添加剂；第二，我国天然石膏资源十分丰富，储量居世界首位；第三，由于我国环境保护的迫切性，大量化学石膏(磷石膏、脱硫石膏、钛石膏等)的处理已成当务之急。

发展石膏建材可以将化学石膏变废为宝，增加了其利用价值。石膏建材废品经处理可以回收循环利用。因此，无论是从生态建筑、环境保护，还是从资源开发和化学石膏的综合利用来看，石膏建材在我国都是一种应该大力研究和开发的绿色建筑材料。

(3)水泥

水泥是建筑工业三大基本材料之一，使用广、用量大、素有“建筑工业的粮食”之称。生产水泥虽需要较多的能源，但水泥与砂、石等材料组成的混凝土是一种低能耗新型建筑材料。例如，在相同荷载的条件下，混凝土柱的耗能量仅为钢柱的1/5～1/6，砖柱的1/4。根据预测，在未来的几十年内，水泥依旧是主要的建筑材料。

1824年，英国建筑工人约瑟夫·阿斯普丁(Joseph Aspdin)发明了水泥并取得了波特兰水泥的专利权。他用石灰石和黏土为原料，按一定比例配合后，在类似于烧石灰的立窑内煅烧成熟料，再经磨细制成水泥。因水泥硬化后的颜色与当时英国波特兰岛上用于建筑的石头相似，所以被命名为波特兰水泥。它具有优良的建筑性能，在水泥史上具有划时代意义。

1）水泥的原料组成

生产水泥的原料主要是石灰石质原料，黏土质原料和校正原料。

凡以碳酸钙为主要成分的原料都叫石灰石原料，主要有石灰岩，泥灰岩等。黏土质原料是含碱和碱土的铝硅酸盐。当石灰质原料和黏土质原料配合所得的生料成分不能符合配料方案要求时，必须根据所缺的组分，参加相应的校正原料。

2）水泥的分类

按性能和用途，水泥可分为通用水泥、专用水泥和特性水泥。

①通用水泥：一般土木建筑工程通常采用的水泥。根据《通用硅酸盐水泥》（GB 175—2007/XGL—2009）规定，通用硅酸盐水泥是以硅酸盐水泥熟料加适量的石膏或混合材料制成的水硬性胶凝材料。通用硅酸盐水泥按混合材料的品种和掺量分为硅酸盐水泥、普通硅酸盐水泥、矿渣硅酸盐水泥、火山灰质硅酸盐水泥、粉煤灰硅酸盐水泥和复合硅酸盐水泥（见表 2－4）。

表 2－4 六大通用水泥的组成及性能

名称	简称	代号	主要组成	主要特性和适用范围
硅酸盐水泥	纯硅水泥	P.I	由硅酸盐水泥熟料加适量石膏磨细而成，不掺任何混合材料	具有强度高、凝结硬化快、抗冻性好、耐磨性好和不透水性强等优点。缺点是水化热较高、抗水性差，耐酸碱和硫酸盐类的化学腐蚀性较差。适用于配置高强混凝土、预应力混凝土、道路工程、低温下施工的工程、石棉制品等。不宜用于大体积混凝土和地下工程
		P.II	由硅酸盐水泥熟料、0～5％石灰石或粒化高炉矿渣、适量石膏磨细而成	
普通硅酸盐水泥	普通水泥	P.O	由硅酸盐水泥熟料、6％～15％混合材料，适量石膏磨细而成	与硅酸盐水泥相比，早期强度略有降低，抗冻性与耐磨性稍有下降，低温凝结时间有所延长。用于各种强度的混凝土的配置、各种混凝土构件的生产和各种钢筋混凝土工程的施工
矿渣硅酸盐水泥	矿渣水泥	P.S	由硅酸盐水泥熟料和 20％～70％粒化高炉矿渣、适量石膏磨细而成。允许用石灰石、窑灰、粉煤灰和火山灰质混合材料中的一种材料代替矿渣，代替数量不能超过水泥质量的 8％，代替后水泥中的粒化高炉矿渣不得小于 20％	具有水化热低、抗硫酸盐腐蚀性能好、抑制碱一骨料反应、蒸汽养护效果好、耐热性高、凝结时间长、早期强度低、后期强度增大、保水性较差、抗冻性较差等特点。通常矿渣水泥的使用范围广，适用于地面、地下、水中各种混凝土工程。不宜用于需要早期强度或易受冻融循环作用的结构工程

续表

名称	简称	代号	主要组成	主要特性和适用范围
火山灰质硅酸盐水泥	火山灰水泥	P.P	由硅酸盐水泥和20%～30%的火山灰质混合材料、适量石膏磨细而成	具有水化热低，抗硫酸盐腐蚀性能好，保水性好，凝结时间长、早期强度低、后期强度增进大，需水量大，干缩大等特点。适用于地下工程、大体积混凝土、长期潮湿的环境和地下有腐蚀性的环境工程。不宜用于需早强或冻融和干湿交替的部位
粉煤灰硅酸盐水泥	粉煤灰水泥	P.F	由硅酸盐水泥熟料和20%～40%的粉煤灰、适量石膏磨细而成	具有蓄水量少，和易性好，泌水小，干缩小，水化热低，耐腐蚀性好，抑制碱—骨料反应，早期强度低、后期强度增进大，抗冻性差等特点。可广泛用于各种工业和民用建筑工程，不宜用在低温下施工的工程。
复合硅酸盐水泥	复合水泥	P.C	由硅酸盐水泥熟料、两种或两种以上混合材料、适量石膏磨细而成。混合材料总掺加量按质量百分比应大于15%，不超过50%，允许用不超过8%的窑灰代替部分混合材料。掺矿渣时混合材料掺量不得与矿渣水泥重复	具有较高的早期强度和较好的和易性，但需水量较大，配制混凝土的耐久性略差

②专用水泥：专门用途的水泥。如G级油井水泥、道路硅酸盐水泥、装饰水泥等。

③特性水泥：某一方面具有突出的性能的水泥。故通常是以其主要特性、主要水硬性矿物成分命名，或在其前面冠以主要特性进行命名。如快硬硅酸盐水泥、低热矿渣硅酸盐水泥、膨胀硫铝酸盐水泥、磷铝酸盐水泥、磷酸盐水泥等。

2.2.4 混凝土及砂浆

(1)混凝土

混凝土是由胶结料和粗细骨料混合，通过一定的工艺成型硬化而成的人造石材。胶结料有水泥、石膏等无机胶凝材料以及沥青、聚合物等有机胶凝材料，无机及有机胶凝材料也可复合使用。

1)混凝土的分类

混凝土的种类很多，分类方法也很多。

①按表观密度分类

重混凝土：表观密度大于2 600kg/m^{3}的混凝土。常由重晶石和铁矿石配制而成。

普通混凝土：表观密度为1 950～2 600kg/m^{3}的水泥混凝土。主要以砂、石子和水泥配制而成，是土木工程中最常用的混凝土品种。

轻混凝土:表观密度小于1 950kg/m³ 的混凝土。包括轻骨料混凝土、多孔混凝土、大孔混凝土等。

②按胶凝材料的品种分类

通常根据主要胶凝材料的品种,并以其名称命名,如水泥混凝土、石膏混凝土、水玻璃混凝土、硅酸盐混凝土、沥青混凝土、聚合物混凝土等。有时也以加入的特种改性材料命名,如:水泥混凝土中掺入钢纤维时,称为钢纤维混凝土;水泥混凝土中掺入大量粉煤灰时,则称为粉煤灰混凝土。

③按使用功能和特性分类

按使用部位、功能和特性通常可分为结构混凝土、道路混凝土、水工混凝土、耐热混凝土、耐酸混凝土、防辐射混凝土、补偿收缩混凝土、防水混凝土、泵送混凝土、自密实混凝土、纤维混凝土、聚合物混凝土、高强混凝土、高性能混凝土等。

2)混凝土的构成

混凝土的性能在很大程度上取决于组成材料的性能,同时也与施工工艺(搅拌、成型、养护)有关,因此必须根据工程性质、设计要求和施工现场条件,合理选择原料的品种、质量和用量。要做到合理选择原材料,则首先必须了解混凝土组成材料的性质、作用原理和质量要求。

普通混凝土(以下简称混凝土)是由水泥、水和砂、石按适当比例配合而成的。为改善混凝土的某些性能,还常加入适量的外加剂和掺和料。在混凝土中,一般以砂子为细骨料,石子为粗骨料。粗细骨料(又称集料)的总含量约占混凝土总体积的70%~80%,其余为水泥浆和少量残留的空气。

①水泥

水泥是普通混凝土的胶凝材料,其性能对混凝土的性质影响很大,在确定混凝土组成材料时,应正确选择水泥品种和水泥强度等级。

水泥强度等级的选择原则为:混凝土设计强度等级越高,则水泥强度等级也宜越高;设计强度等级低,则水泥强度等级也相应低。例如:C40以下混凝土,一般选用强度等级32.5级;C45~C60混凝土一般选用42.5级,在采用高效减水剂等条件下也可选用32.5级;大于C60的高强混凝土,一般宜选用42.5级或更高强度等级的水泥;对于C15以下的混凝土,则宜选择强度等级为32.5级的水泥,并外掺粉煤灰等混合材料。目标是保证混凝土中有足够的水泥,既不过多,也不过少。水泥用量若过多(低强水泥配制高强度混凝土),一方面会增加成本,另一方面会使混凝土收缩增大,对耐久性不利。水泥用量若过少(高强水泥配制低强度混凝土),会使混凝土的黏聚性变差,不易获得均匀密实的混凝土,严重影响混凝土的耐久性。

②粗细骨料

普通混凝土用骨料按粒径分为细骨料和粗骨料(见图2-3)。它们一般不与水泥浆起化学反应,在混凝土中主要是起骨架作用,因而可以大大节省水泥。同时,还可以降低水化热,大大减小混凝土由于水泥浆硬化而产生的收缩,并起抑制裂缝扩展的作用。

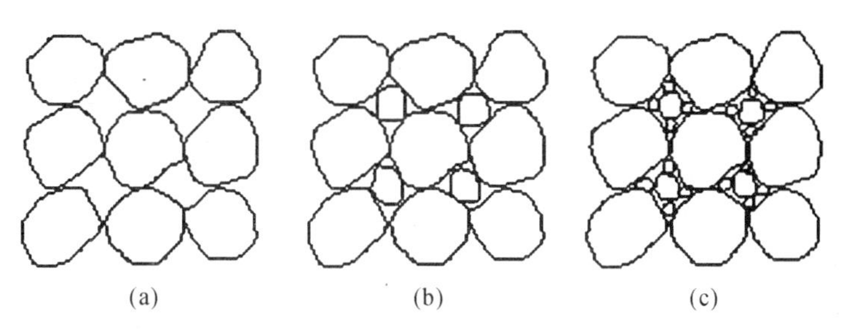

图2-3　骨料的颗粒级配

③拌和及养护用水

根据《混凝土拌和用水标准》(JGJ 63—89)的规定，凡符合国家标准的生活饮用水，均可拌制和养护各种混凝土。清洁的海水可拌制素混凝土，但不宜拌制有饰面要求的素混凝土。由于海水中含有硫酸盐、镁盐和氯化物，对硬化水泥浆有腐蚀作用，有的会锈蚀钢筋，故不得拌制钢筋混凝土和预应力混凝土。

④外加剂和掺和料

在混凝土拌和过程中掺入能按要求改善和调节混凝土性能的材料称为混凝土外加剂。掺量不大于水泥质量的5%(特殊情况除外)。它赋予新拌混凝土和硬化混凝土以优良的性能，如提高抗冻性、调节凝结时间和硬化时间、改善工作性、提高强度等。混凝土外加剂已成为除水泥、砂、石子和水以外混凝土的第五种必不可少的组分。

在混凝土拌和物制备时，为了节约水泥、改善混凝土性能、调节混凝土强度等级而加入的天然的或者人造的矿物材料，统称为混凝土掺和料，也称为矿物外加剂，是混凝土的第六组分。常用的矿物掺和料有粉煤灰、粒化高炉矿渣粉、硅灰、沸石粉、燃烧煤矸石等。粉煤灰应用最普遍。

3)混凝土的性能

①新拌混凝土的性能

和易性：新拌混凝土的和易性也称工作性，是指拌和物易于搅拌、运输、浇捣成型，并获得质量均匀密实的混凝土的一项综合技术性能。通常用流动性、黏聚性和保水性三项内容表示。流动性是指拌和物在自重或外力作用下产生流动的难易程度；黏聚性是指拌和物各组成材料之间不产生分层离析现象；保水性是指拌和物不产生严重的泌水现象。通常情况下，混凝土拌和物的流动性越大，则保水性和黏聚性越差，反之亦然，相互之间存在一定矛盾。和易性良好的混凝土是指既具有满足施工要求的流动性，又具有良好的黏聚性和保水性。因此，不能简单地称流动性大的混凝土为和易性好，或者称流动性小为和易性差。良好的和易性既是施工的要求，也是获得质量均匀密实混凝土的基本保证。

混凝土的凝结时间：混凝土的凝结时间与水泥的凝结时间有相似之处，但由于骨料的掺入、水灰比的变动及外加剂的应用，又存在一定的差异。水灰比增大，凝结时间延长；早强剂、速凝剂使凝结时间缩短；缓凝剂则使凝结时间大大延长。

混凝土的凝结时间分初凝和终凝。初凝指混凝土从加水至失去塑性所经历的时间，亦即表示施工操作的时间极限；终凝指混凝土从加水到产生强度所经历的时间。初凝时间应适当长，以便于施工操作；终凝与初凝的时间差则越短越好。

②硬化后混凝土的性能

混凝土的强度：包括抗压、抗拉、抗弯、抗剪强度等，其中，抗压强度最大，抗拉强度最小。在工程中，混凝土主要用来承受压力。

混凝土的变形性能：混凝土在水化硬化过程中体积发生变化，承受荷载时产生弹性及非弹性应变，在混凝土内外部物理化学因素作用下会产生膨胀或收缩应变。

混凝土的耐久性：混凝土在使用过程中抵抗由外部或内部原因而造成破坏的能力称为混凝土的耐久性。所谓外部原因是指混凝土所处环境的物理化学因素作用，如风化、冻融、化学腐蚀、磨损等。内部原因是组织材料间的相互作用，如碱—骨料反应、本身的体积变化、吸水性及渗透性等。混凝土的耐久性是一个综合性概念，它包括的内容很多，如抗渗性、抗冻性、抗侵蚀性、抗碳化性、抗碱集料反应等，这些性能决定着混凝土经久耐用的程度。

(2)建筑砂浆

建筑砂浆在工程中是用量大、用途广泛的一种建筑材料。砂浆可把散粒材料、块状材料、片状材料等胶结成整体结构，也可以作为装饰，保护主体材料。

例如在砌体结构中，砂浆可以把单块的砖、石以及砌块等胶结起来，构成砌体；大型墙板和各种构件的接缝也可用砂浆填充；墙面、地面及梁柱结构的表面都可用砂浆抹面，以便满足美观和保护结构的要求；建筑内外墙镶贴大理石、瓷砖等作为装饰时也常使用砂浆。

2.2.5 钢 材

我们通常所说的钢铁又称为铁碳合金，因为钢铁的主要化学成分是铁元素和碳元素。根据钢铁中碳元素含量的多少将钢铁分为生铁和钢，其中含碳量大于2%的铁碳合金称为生铁，含碳量小于2%的铁碳合金称为钢。生铁是指把铁矿石放到高炉中冶炼而成的产品，主要用来炼钢和制造铸件。把炼钢用生铁放到炼钢炉内按一定工艺熔炼，即得到钢。钢的产品有钢锭、连铸坯和直接铸成的各种钢铸件等。通常所讲的钢，一般是指轧制成各种钢材的钢。

建筑钢材包括钢结构用钢(如钢板、型钢、钢管等)和钢筋混凝土用钢筋(如钢筋、钢丝等)。钢材是在严格的技术控制条件下生产的，与非金属材料相比，具有品质均匀稳定、强度高、塑性韧性好、可焊接和铆接等优异性能。钢材主要的缺点是易锈蚀、维护费用大、耐火性差、生产能耗大。钢的主要元素除铁、碳外，还有硅、锰、硫、磷等。

(1)钢及其分类

钢材种类很多，按照不同的标准有不同的分类方法。

1)按冶炼方法分类

①平炉钢：包括碳素钢和低合金钢。按炉衬材料不同，又分酸性和碱性平炉钢两种。

②转炉钢：包括碳素钢和低合金钢。按吹氧位置不同，又分底吹、侧吹和顶吹转炉钢三种。

③电炉钢：主要是合金钢。按电炉种类不同，又分电弧炉钢、感应电炉钢、真空感应电炉钢和电渣炉钢四种。

④沸腾钢、镇静钢和半镇静钢：按脱氧程度和浇注制度不同区分。

2)按化学成分分类

①碳素钢:铁和碳的合金。据中除铁和碳之外,含有硅、锰、磷、硫等元素。按含碳量不同可分为低碳钢(C＜0.25%)、中碳钢(0.25%＜C＜0.60%)和高碳钢(C＞0.60%)三类。碳含量小于 0.04%的钢称工业纯铁。

②普通低合金钢:在低碳普碳钢的基础上加入少量合金元素(如硅、钙、钛、铌、硼和稀土元素等,其总量不超过 3%)而获得较好综合性能的钢种。

③合金钢:含有一种或多种适量合金元素的钢种,具有良好和特殊性能。按合金元素总含量不同,可分为低合金钢(总量＜5%)、中合金钢(合金总量为 5%～10%)和高合金钢(总量＞10%)三类。

(2)钢材的技术性能

1)力学性能

①拉伸性能:拉伸是建筑钢材的主要受力形式,所以拉伸性能是表示钢材性能和选用的钢材的重要指标。将低碳钢(软钢)制成一定规格的试件,放在材料试验机上进行拉伸试验,可以绘出如图 2-4 所示的应力—应变关系曲线。从图中可以看出,低碳钢受拉至拉断,经历了 4 个阶段:弹性阶段(O—A)、屈服阶段(A—B)、强化阶段(B—C)和颈缩阶段(C—D)。

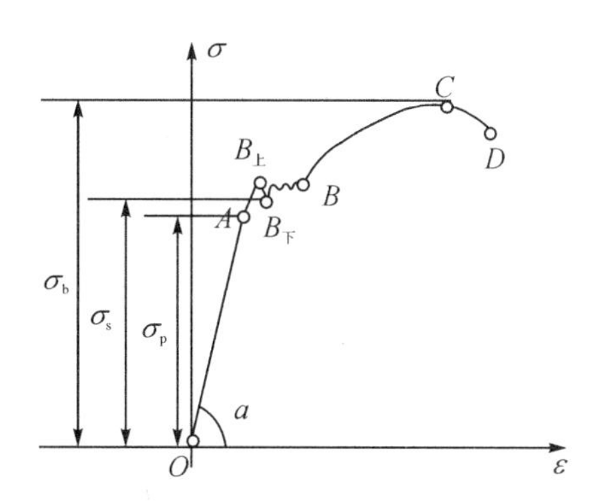

图 2-4　低碳钢受拉应力—应变关系

②冲击韧性:钢材抵抗冲击荷载而不被破坏的能力。钢材的冲击的韧性是用有刻槽的标准试件在冲击试验机的一次摆锤冲击下,以破坏后缺口处单位面积上所消耗的功来表示,其符号为 α_k。试验时将试件放置在固定支座上,然后以摆锤冲击试件刻槽的背面,使试件承受冲击弯曲断裂。α_k 值越大,冲击韧性越好。对于经常受较大冲击荷载作用的结构,要选用 α_k 值大的钢材。

③耐疲劳性:钢材在交变荷载的反复作用下,往往在最大应力远小于其抗拉强度时就发生破坏,这种现象称为钢材的疲劳性。疲劳破坏的危险应力用疲劳强度(或称疲劳极限)来表示,它是指疲劳试验时试件在交变应力作用下,于规定的周期基数内不发生断裂所能承受的最大应力。设计承受反复荷载且需进行疲劳验算的结构时,就了解了所用钢材的疲劳极限。

④硬度:金属材料在表面局部体积内,抵抗硬物压入表面的能力。亦即材料表面抵抗塑性变形的能力。测定钢材硬度采用压入法,即以一定的静荷载(压力),把一定的压头压在金属表面,然后测定压痕的面积或深度来确定硬度。

2)工艺性能

良好的工艺性能,可以保证钢材顺利通过各种加工,使钢材制品的质量不受影响。冷弯、冷拉、冷拔及焊接性能均是建筑钢材的重要工艺性能。

①冷弯性能:钢材在常温下承受弯曲变形的能力。冷弯试验更有助于暴露钢材的某些内在缺陷。相对于伸长率而言,冷弯是对钢材塑性更严格的检验,它能揭示钢材是否存在内部组织不均匀、内应力和夹杂物等缺陷,冷弯试验对焊接质量也是一种严格的检验,能揭示焊件在受弯表面存在未熔合、微裂纹及夹杂物等缺陷。

②焊接性能:在建筑工程中,各种型钢、钢板、钢筋及预埋件等需用焊接加工。钢结构有90%以上是焊接结构。焊接的质量取决于焊接工艺、焊接材料及钢铁焊接性能。

2.2.6 沥　青

沥青是土木工程建设中不可缺少的材料,在建筑、桥梁、公路等工程中有着广泛的应用,其主要成分是沥青质和树脂,此外还有高沸点矿物油和少量的氧以及硫和氯的化合物。

(1)沥青的分类

沥青是一种主要由碳和氢组成的棕黑色有机胶凝状物质。它既有天然存在的,也可以用化工方法从石油、煤炭、脂肪等物质中提取。包括天然沥青、石油沥青、页岩沥青和煤焦油沥青等四种。

1)天然沥青

天然沥青一般储藏在地下,有的形成矿层或在地壳表面堆积,是石油长期受地壳挤压并渗出地表经长期暴露和蒸发后,在自然界与空气、水接触逐渐变化而形成的残留物,其中常混有一定比例的矿物质。

2)石油沥青

石油沥青是将精制加工石油所残余的渣油,经适当的工艺处理后得到的产品。石油沥青是原油蒸馏后的残渣。根据提炼程度的不同,在常温下为液体、半固体或固体。石油沥青色黑而有光泽,具有较高的感温性。由于它在生产过程中曾经蒸馏至400℃以上,因而所含挥发成分甚少,但仍可能有高分子的碳氢化合物未经挥发出来,这些物质或多或少对人体健康有害。

3)页岩沥青

油页岩(又称油母页岩)是一种高灰分的含可燃有机质的沉积岩,它和煤的主要区别是灰分超过40%,与碳质页岩的主要区别是含油率大于3.5%。油页岩经低温干馏可以得到页岩油,页岩油类似原油,可以制成汽油、柴油或作为燃料油。

4)焦油沥青

焦油沥青是煤、木材等有机物干馏加工所得的焦油经再加工后的产品。煤焦沥青是炼焦的副产品,即焦油蒸馏后残留在蒸馏釜内的黑色物质。

(2)沥青的技术性质

1)黏滞性

沥青材料的黏滞性是指沥青在外力作用下沥青粒子产生相互位移的抵抗变形的能力,是沥青材料最为重要的性质。

2)塑性

沥青的塑性是指当其受到外力的拉伸作用时,所能承受的塑性变形的总能力,通常是用延度作为条件指标来表征。延度值越大,表示沥青塑性越好。

3)温度敏感性

温度敏感性是指石油沥青的黏滞性和塑性随温度升降而变化的性能,也称温度稳定性,是沥青的重要指标之一。

4)大气稳定性

大气稳定性是指沥青在热、阳光、氧气和潮湿等因素的长期综合作用下抵抗老化的性能。

沥青是一种有机胶凝材料,它是由一些极其复杂的高分子碳氢化合物及其非金属(氧、氮、硫等)衍生物所组成的混合物。在常温下,沥青为褐色或黑褐色的固体、半固体或黏稠液体。它具有把砂、石等矿物质材料胶结成为一个整体的能力,形成具有一定强度的沥青混凝土,因此,被广泛地应用于铺筑路面、防渗墙等道路和水利工程中。

同时,由于沥青是憎水性材料,几乎不溶于水,而且本身构造致密,具有良好的防水性和耐腐蚀性,它能与混凝土、砂浆、砖、石料、木材、金属等材料牢固地黏结在一起,且具有一定的塑性,能适应基材的变形。因此,沥青材料及其制品又被广泛地应用于地下防潮、防水和屋面防水等建筑工程中。

在建筑工程中,最常用的是石油沥青,其次是煤沥青。

2.3　新型材料

新型建筑材料(new building materials)在国外是一个泛指的名词,意思是新的建筑材料。这个名词出现于我国改革开放之初,在我国属于一个专业名词,界定“新型建筑材料”所包含的内容是一个比较复杂的问题。一般意义上是指除传统的砖、瓦、灰、砂、石外,其品种和功能处于增加、更新、完善状态的建筑材料。

“新型材料”的概念指既不是传统材料,也不是在花色品种和性能方面大致已经很少变化的材料。其特点有技术含量高,功能多样化,生产与使用节能、节地,综合利用废弃资源,有利于生态环境保护,适应先进施工技术,改善建筑功能,降低成本,具有巨大市场潜力和良好发展前景。

2.3.1　智能化建筑材料

随着人类智能化的发展,智能化材料也被人们重视和研发。所谓智能化材料,即材料本身具有预告破坏、自我诊断、自我调节和自我修复的功能,以及可重复利用性。使用这类材料的建筑,当其内部发生某种异常变化时,能将材料的内部状况如位移、变形、开裂等情况反映出来,以便在破坏前采取有效措施。

同时,智能化材料能够根据内部的承载能力及外部作用情况进行自我调整,例如:吸湿放湿材料,可根据环境的湿度自动吸收或放出水分,能保持环境湿度平衡;自动调光玻璃,根据外部光线的强弱,调整进光量,满足室内的采光和健康性要求。智能化材料还具有类似于生物的自我生长、新陈代谢的功能,对破坏或受到伤害的部位进行自我修复。当建筑物解体的时候,材料本身还可重复使用,减少建筑垃圾。

这类材料的研究开发目前处于起步阶段,关于自我诊断、预告破坏和自我调节等功能已有初步成果。

2.3.2 生态建筑材料

近年来,生态建筑材料也在大力研究之中,生态建筑材料的概念来自于生态环境材料。生态环境材料的主要特征是节约资源和能源,减少环境污染,避免温室效应与臭氧层的破坏,容易回收和循环利用。作为生态环境材料的一个重要分支,按其含义,生态建筑材料应指在材料的生产、使用、废弃和再生循环过程中以与生态环境相协调、满足最少资源和能源消耗、最小或无环境污染、最佳使用性能、最高循环再利用率为要求所设计生产的建筑材料。

图 2-5 生态沙基透水砖

新型生态植被建筑材料适合各种坡度,可以在高陡边坡上施工,基材凝结硬化快,具有较高的抗压强度和黏接强度,能有效地附着在原始坡面并防止雨水冲蚀。可防止二次水土流失,防止环境污染,特别适合绿化需要。而近年来出现的生态沙基透水砖(见图 2-5),是采用沙漠中的风积沙为原料,经过特殊工艺加工而成的一种新型生态环保材料,具有节能、节水、节地、节材的特点。

2.3.3 绿色建筑功能材料

绿色材料的概念是在 1988 年第一届国际材料科学研究会上首次提出的。1992 年国际学术界将绿色材料定义为:在原料采取、产品制造、应用过程和使用以后的再生循环利用等环节中对地球环境负荷最小和对人类身体健康无害的材料。新型绿色建筑材料应采用清洁生产技术,生产原料大量使用工农业或城市固态废弃物,产品制造不用或少用天然资源和能源,无毒害、无污染、无放射性,达到使用周期后可再生循环利用,对地球环境负荷最小,有利于环境保护和人体健康。

近年来人们主要着眼于研究和解决绿色建筑材料对污染物的释放,材料的内耗,建筑物的设计热损失,材料的再生利用,对人体、水质和空气的影响等课题。

据了解,随着节能建筑的推广,社会对建材业提出了新的要求,市场对建材产品节能、降耗、环保指标的要求也越来越高。与此同时,新型节能建材产品目前在市场中正在逐渐增多,如绿色环保涂料、节能节水卫浴产品、环保石材、环保外水泥发泡保温板等节能环保产品的市场前景看好。

国家发改委、住房和城乡建设部出台的《绿色建筑行动方案》要求,要加强公共建筑节能管理,加快绿色建筑相关技术研发推广,大力发展绿色建材,推动建筑工业化。此方案的推出标志着绿色建筑行动已经上升为国家战略,也将发挥政策引导作用,促进我国绿色建筑的发展。

绿色建筑是环保的、节能的、可持续发展的建筑,新方案的实施让建材生产企业开始着力研发生产更绿色、更环保的新产品。在《绿色建筑评价标准》(GB/T 50378—2014)的指导下,绿色建筑领域技术发展日新月异,如 3D 打印建筑,不仅是一种全新的建筑方式,更是对传统建筑模式的颠覆。伴随着不断创新的建筑技术，绿色建材将有更加广阔的市场。

伴随着经济发展和人文、科技进步，发展绿色建筑迎来了难得的历史机遇。新型建材已逐渐具备提高工程质量、改善建筑功能的作用，其持续开发应用也必将促进企业升级，推动行业进步，对绿色建筑的发展产生巨大的影响。新型建筑材料已经走上了追逐绿色建筑之梦的道路。

复习思考题

1. 土木工程材料有哪些分类方法？不同分类下都有些什么材料？
2. 六大通用硅酸盐水泥的特性是什么？工程中应如何选用？
3. 新拌混凝土的性能有哪些？
4. 加工钢材的时候，其工艺主要受哪些性能的影响？
5. 说说你所知道的新型建筑材料。

第 3 章　建筑工程

学习目标

本章通过介绍建筑工程的基本知识，使学生掌握建筑物的组成及基本构件的作用，熟悉砌体结构、混凝土结构、钢结构和钢—混凝土组合结构四种常见结构建筑物的概念及主要特点，了解特种结构构筑物的类型。

3.1　建筑物的基本构件

房屋建筑工程是人类生产生活的主要场所，如住宅、商场、医院、学校、办公楼、工厂等，这些建筑物是由许多结构构件组成的，其中的基础、墙、梁、板、柱、拱等构件是房屋的骨架，对房屋的安全性和耐久性起到决定性的作用。

3.1.1　基　础

基础位于建筑物底部(见图 3－1)，它承受建筑物上部结构的重量，并将这些重量与本身的重量一同传给地基。基础常用材料有砖、石、混凝土或钢筋混凝土等。为了确保建筑物的稳定，应保证基础的埋设深度及底面面积。

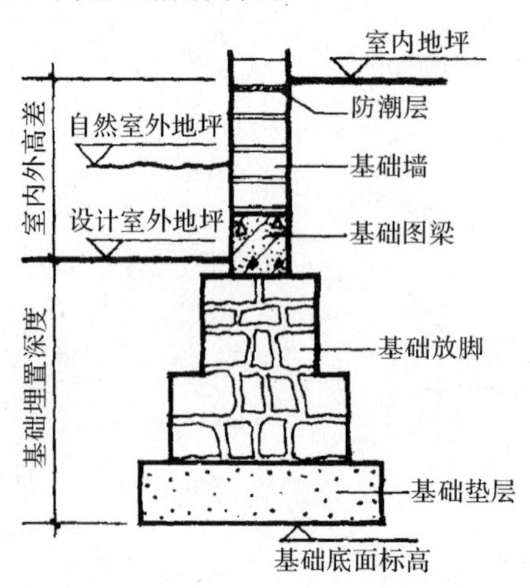

图 3－1　基础

一般将埋置深度不超过5m，只需经挖槽、排水等施工工序的基础称为浅基础。常见的浅基础有条形基础、独立基础和联合基础。

(1)条形基础

条形基础(见图3-2)是指宽度和高度远远小于长度的基础，又称带形基础，多用于墙下(见图3-2(c))，将墙体的重量与自身重量一同传递给地基。

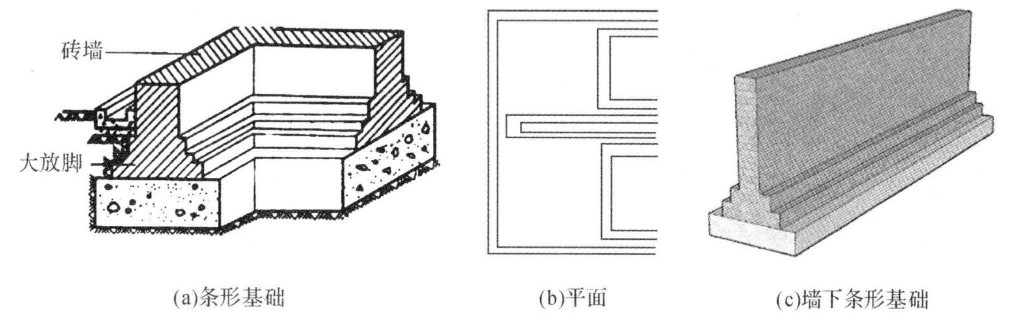

(a)条形基础　(b)平面　(c)墙下条形基础

图3-2　条形基础

(2)独立基础

建筑物上部采用框架结构或单排架结构承重时，基础通常为阶梯形、锥形和杯形等形式，此类基础称为独立基础(见图3-3)。多用于柱下，将柱子的重量和自身重量一同传递给地基。

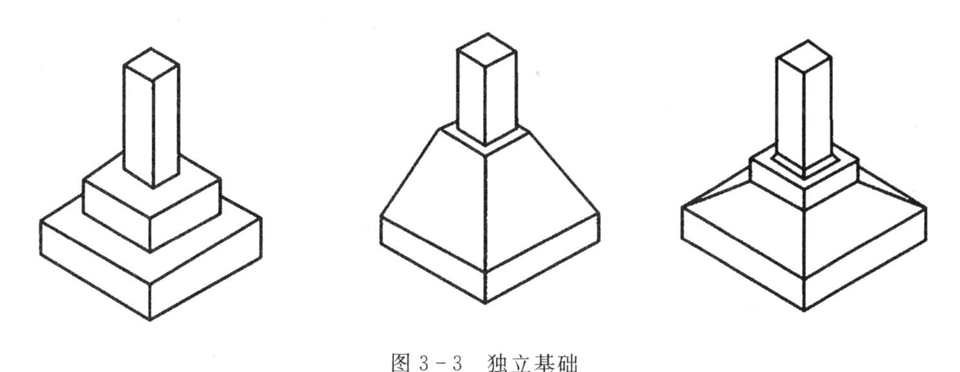

图3-3　独立基础

(3)联合基础

联合基础(见图3-4)有筏形基础、箱形基础、柱下十字交叉基础等类型，此类基础对于跨越软土地基更加有利。

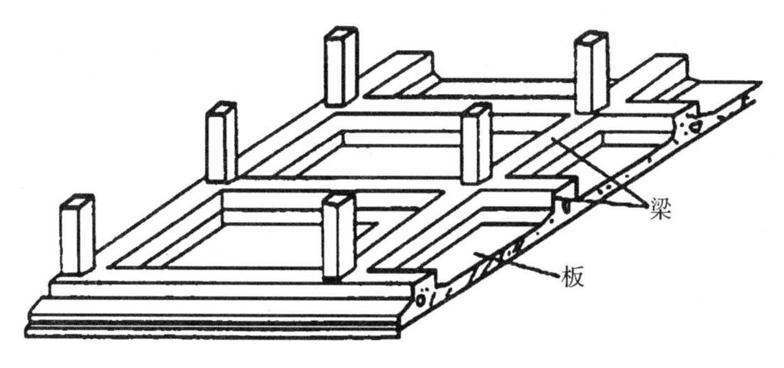

图3-4　联合基础

3.1.2 墙 体

墙体是建筑物的重要组成部分，具有承重、围护或分隔空间的作用。

墙体按受力情况分为承重墙和非承重墙(见图 3－5)。承重墙直接承受上部屋顶、楼板所传来荷载；非承重墙不承受上部荷载，例如隔墙、填充墙和幕墙(见图 3－6)。

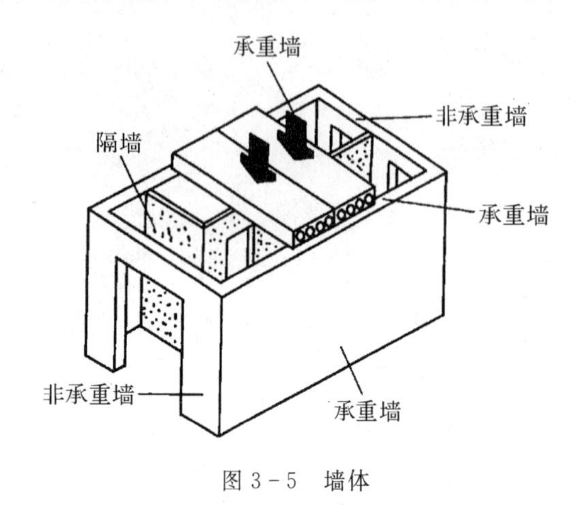

图 3－5 墙体

图 3－6 幕墙

墙体应具有以下性能：

(1)保温隔热。外墙、门窗、屋顶称为建筑物的围护结构，应具有良好的保温隔热功能。夏、冬季节人类采用空调、暖气调节室内温度，正是由于围护结构的保温隔热功能，才使得室内温度适宜，节省空调、暖气能耗。

(2)隔声。住宅应给居住者提供一个安静的室内生活环境，但是在现代城市中，大部分住宅的外部环境比较嘈杂，尤其是邻近主要街道的住宅，交通噪声的影响更为严重。因此，为了保证建筑物的正常使用，围护结构应具有一定的隔声功能，墙体能够隔离空气传播的噪声。

(3)防火、防水、防潮。建造墙体选用材料时应考虑其耐火性和燃烧性能，要合理地设置防火区。卫生间、厨房、屋顶或地下室等地方要采取防水、防潮措施。为保证墙体的正常使用时间，建造这些地方时须注意选择良好的防水材料及防水构造做法。

3.1.3 梁、板、柱

梁、板、柱(见图 3－7)是建筑结构中最基本、应用最广泛的构件。

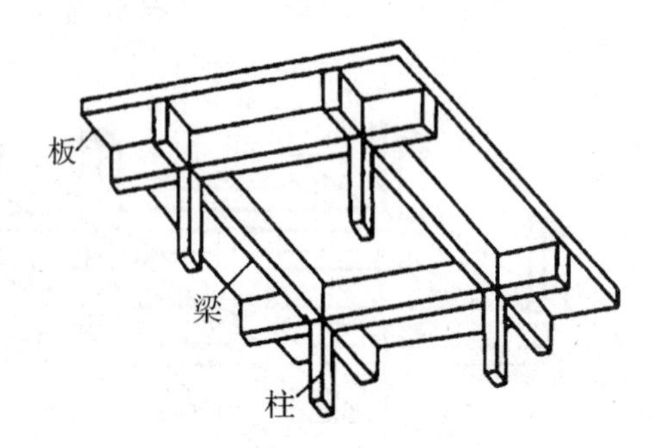

图 3－7 梁、板、柱

(1)梁

梁一般承受竖向外力,以弯曲为主要变形,其截面宽度和高度远小于长度。梁按材料分类可分为石梁、木梁、钢梁、钢筋混凝土梁等。

1)石梁,在古代建筑中应用较多,石材的抗压强度较高,而抗拉强度却很低。漳州江东桥(见图3-8),始建于南宋嘉定七年(1214年),是一座梁式大桥,此桥总长约335m,宽度方向是由三根石梁构成(见图3-9),每条长22～23m、宽1.15～1.5m、厚1.3～1.6m,重达近200t,是我国古代十大名桥之一。

图3-8 漳州江东桥

图3-9 石梁

2)木梁(见图3-10),在我国古代的庙宇、宫殿,近代的民用中应用较多。木材的重量轻,抗拉、抗压强度高,但是防火、防腐、防蛀性能差,所以现代建筑中已较少使用。北京故宫的太和殿,中间的木梁跨度为11m(见图3-11)。

图3-10 木梁

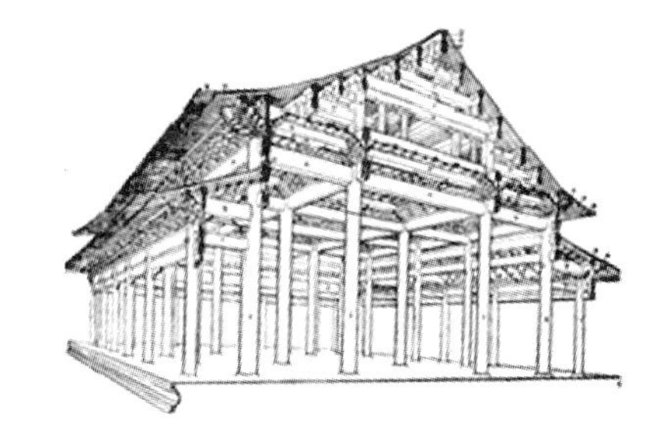

图3-11 太和殿的梁架结构

3)钢梁(见图3-12),是用钢材制造的梁。厂房中的吊车梁和工作平台梁、多层建筑中的楼面梁、屋顶结构中的檩条等,都可以采用钢梁。钢梁具有较高的强度、良好的塑性、方便加工和安装等特点,但防火性能差、易生锈,造价和维护费用较高。

图3-12 钢梁

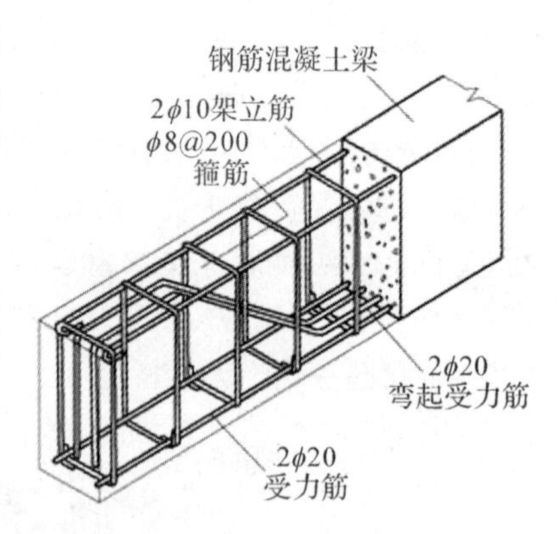

图 3-13 钢筋混凝土梁

4)钢筋混凝土梁(见图 3-13),用钢筋混凝土材料制成,被广泛用于房屋建筑、桥梁建筑等工程结构中,是最基本的承重构件。钢筋混凝土梁具有构造简单、施工方便、造价低廉等优点,缺点是重量大。

(2)柱

柱是建筑物中的主要垂直构件,用以支承其上方的梁、桁架、楼板等,再将重量传给基础。柱按材料分类可分为石柱、钢筋混凝土柱、钢管混凝土柱等。

1)石柱(见图 3-14),在古代建筑中应用较多,人民大会堂正门有 12 根浅灰色大理石门柱,正门柱直径 2m、高 25m。

图 3-14 石柱

2)钢筋混凝土柱(见图 3-15),是用钢筋混凝土材料制成的柱。常用于高层房屋、工业厂房中(见图 3-16)。

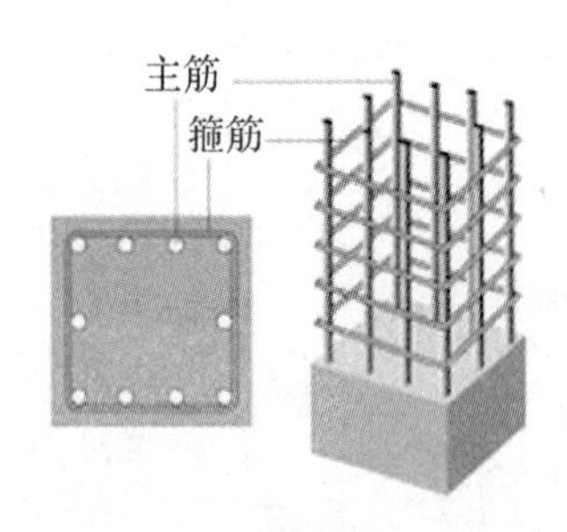

图 3-15 钢筋混凝土柱

图 3-16 厂房中的柱子

3)钢管混凝土柱(见图 3-17),是钢管中填充混凝土而形成的构件。通常采用圆形钢管,在特殊情况下也可采用方钢管或异型钢管。钢管混凝土柱具有承载能力强、塑性好、抗震性能好、施工简单等特点,常用于地铁、大型工业厂房等。

图 3－17　钢管混凝土柱

(3)板

板的长、宽两方向的尺寸远大于其高度。梁、板是框架结构中的基本横向受力构件。人、设备等在板上活动，重量由板承受并传递给梁，再经两端传给柱子，柱子再将全部重量传递给基础(见图 3－18)。板按材料分类可分为木楼板、砖拱楼板、钢筋混凝土楼板、压型钢板组合楼板等。

图 3－18　框架结构承重体系

1)木楼板(见图 3－19)，由木梁和木地板组成。这种楼板的构造虽然简单，自重也较轻，但防火性能差，不耐腐蚀，为节约木材很少采用。

图 3－19　木楼板

2）砖拱楼板，采用钢筋混凝土倒T形梁，在其间用砖砌筑成拱形，称为砖拱楼板（见图3－20）。这种楼板虽比钢筋混凝土楼板节省钢筋和水泥，但是自重大，施工复杂，抗震性能较差。

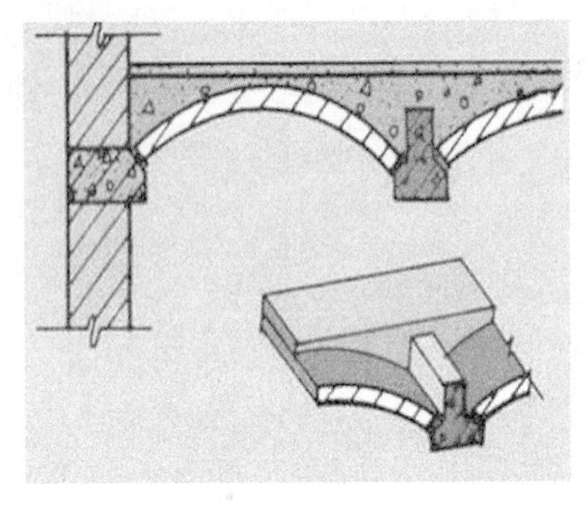

图3－20 砖拱楼板

江西省德兴市历经500年不倒的半边古塔（见图3－21），始建于明代中期，早年东南3层以上倒塌半边。该塔共七层，高28m，八角形状，由白石灰、青砖砌制而成。塔内空$9m^2$，呈圆形状，为砖拱梯形楼板（见图3－22）。

图3－21 半边古塔

图3－22 砖拱梯形楼板

3）钢筋混凝土楼板（见图3－23），采用混凝土与钢筋共同制作。这种楼板坚固、耐久、刚度大、强度高、防火性能好、便于工业化生产和机械加工，当前应用比较普遍。

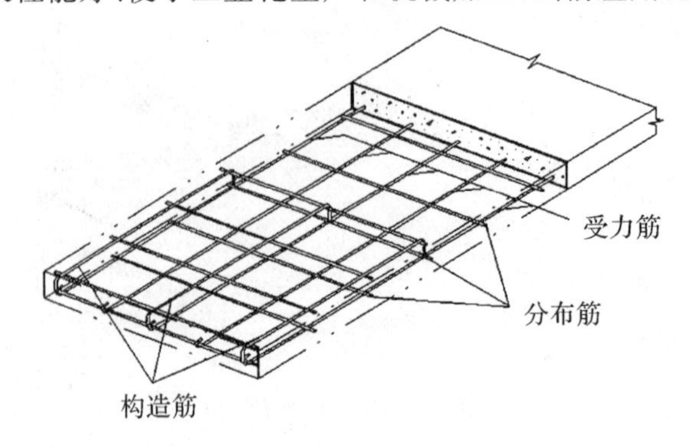

图3－23 钢筋混凝土楼板

4)压型钢板组合楼板(见图 3－24),是以压型钢板与混凝土浇筑在一起构成的整体式楼板。压型钢板在下部起到现浇混凝土的模板作用,同时由于在压型钢板上加肋或压出凹槽,能与混凝土共同工作,起到配筋作用。压型钢板组合楼板已在大空间建筑和高层建筑中被采用,它提高了施工速度,具有现浇式钢筋混凝土楼板刚度大、整体性好的优点。

图 3－24　压型钢板组合楼板

3.1.4　拱

拱作为常见的建筑结构之一,多用于桥梁建筑或房屋,形态为中央上半部呈圆弧曲线,在荷载作用下主要承受压力。在古代,拱的建造以砖、石材料为主,如今,多采用钢材、钢筋混凝土、钢管混凝土等材料。

中国古代便有成功的拱结构——赵州桥(见图 3－25),又称安济桥,坐落在河北省赵县。此桥建于隋朝(公元 605—618 年),距今已有约 1 400 年的历史,是当今世界上现存最早、保存最完善的古代敞肩石拱桥。全桥只有一个大拱,跨度达 37m,是当时世界上最长的石拱。桥洞不是普通半圆形,而是像一张弓,因而大拱上面的道路没有陡坡,便于车马上下。大拱的两肩各有两个小拱,这不但节约了石料,减轻了桥身重量,而且在河水暴涨时,还能够增加桥洞的过水量,减轻洪水对桥身的冲击。同时,拱上加拱的设计,使得桥身更加美观。

图 3－25　赵州桥

目前世界上跨度最大的拱形桥——上海卢浦大桥(见图3-26),于2003年6月28日建成通车,全长8 722m,主拱截面世界最大,高9m,宽5m,下面可通过7万吨级的轮船。大桥为全钢结构,一跨过江,桥身呈优美的弧形,如长虹卧波,飞架在浦江之上。该桥是目前世界上单座桥梁建造施工工艺最复杂、用钢量最多的大桥,被誉为世界第一钢结构拱桥。

图3-26 卢浦大桥

香港大球场(见图3-27)的上盖为一对拱顶,覆盖东西看台。拱顶横跨达240m,以玻璃纤维制造,并涂上聚氟乙烯物料,泛光灯下呈半透光。拱顶由悬臂支撑,伸出在环场路上空,斜向路旁草木茂盛的山腰。

图3-27 香港大球场

3.2 砌体结构建筑物

砌体是由砖、石及各种砌块组成并用砂浆黏成的整体,采用砌体材料做成承重构件的结构称为砌体结构。目前住宅、办公楼等民用建筑中的基础、内外墙、柱、过梁、屋盖等都可用砌体结构建造(见图3-28)。工业厂房中,砌体往往用来砌筑围护墙;交通运输方面,砌体结构可用于桥梁、隧道、地下渠道、挡土墙的建设;水利工程方面,可用于砌筑坝、堰、水闸;砌体结构还可用于建造烟囱、小型水池等构筑物。

图3-28 砌体结构房屋

砌体结构的优点：①取材容易，来源方便，价格低廉，砌块可以用工业废料、矿渣制作。②砖、石或砌块砌体的耐火性、耐久性能好。③砌体砌筑时不需要模板和特殊的施工设备，可以节省木材；新砌筑的砌体上即可承受一定荷载，因而可以连续施工；在寒冷地区，冬季可用冻结法砌筑，不需特殊的保温措施。④砖墙和砌块墙体能够隔热和保温，节能效果明显，所以既是较好的承重结构，也是较好的围护结构。⑤当采用砌块或大型板材作墙体时，可以减轻结构自重，加快施工进度，进行工业化生产和施工。砌体结构的缺点：①与钢筋混凝土结构相比，砌体结构的强度较低，因而构件的截面尺寸较大，材料用量多，自重大。②砌体的砌筑基本上是手工方式，施工劳动量大。③砌体的抗拉、抗剪强度都很低，因而抗震较差，在使用上受到一定限制；砖、石的抗压强度也不能充分发挥，抗弯能力低。④黏土砖需用黏土制造，在某些地区过多占用农田，影响农业生产。

我国的砌体结构有着悠久的历史和辉煌的纪录。历史上举世闻名的万里长城(见图3-29)，是两千多年前用“秦砖汉瓦”建造而成，完全靠手工施工。在人工搬运建筑材料的情况下，采用重量不大、尺寸大小一样的砖砌筑城墙，不仅施工方便，而且提高了施工效率和建筑水平。其次，许多关隘的大门，多用青砖砌筑成大跨度的拱门(见图3-30)。虽然有的青砖已严重风化，但整个城门仍威严屹立，表现出当时砌筑拱门的高超技能。从关隘城楼上的建筑装饰来看，许多石雕砖刻的制作技术都极其复杂精细，反映了当时工匠匠心独运的艺术才华。长城气势磅礴，盘山越岭，是世界上最伟大的砌体工程之一，为人类在地球上留下一大奇观。

图3-29 万里长城

图 3-30　关隘拱门

拥有 1 300 多年历史的大雁塔(见图 3-31),是古城西安独具风格的标志。大雁塔塔身用青砖砌成,每层四面都有券砌拱门。雁塔初建时只有 5 层,高 60m,是仿照西域佛塔形式建造的;后经多次修葺,至今塔高 64m,共 7 层,底边各长 25m,是中国楼阁式砖塔的优秀典型。

图 3-31　大雁塔

埃及金字塔(见图 3-32)建于公元前 2600 多年,是一种方底尖顶的石砌建筑物,是世界公认的"古代世界八大奇迹"之一。埃及迄今发现的金字塔共 100 多座,大部分位于开罗西南吉萨高原的沙漠中,其中最大的胡夫金字塔,塔高 146.6m,底边长 230.6m,共用了 260 万块石头砌成,每块重达 2.5t,相当于一座 50 多层的大楼。据说埃及人用了 10 年的时间修筑石道和地下墓穴,又用了 20 年时间才砌成塔身,整个工程历时 30 多年。在 1889 年巴黎埃菲尔铁塔落成前 4 000 多年的漫长岁月中,胡夫大金字塔一直是世界上最高的建筑物。

图3-32　埃及金字塔

公元70—82年建成的罗马斗兽场(见图3-33),采用石砌结构,以庞大、雄伟、壮观著称于世。斗兽场占地约20 000m^2,平面呈椭圆形,长轴189m,短轴156m,高57m,相当于现代19层楼房的高度。该建筑外部全由大理石包裹,共4层,可容纳近9万观众,是古罗马帝国专供奴隶主、贵族和自由民观看斗兽或奴隶角斗的地方。

图3-33　罗马斗兽场

法国著名的哥特式大教堂——巴黎圣母院(见图3-34),位于巴黎塞纳河城岛东端,始建于1163年,整座教堂在1345年全部建成,历时180多年,全部采用石材建造。建筑正面分为上、中、下3层,宽47m,高125m,容纳人数可达万人。巴黎圣母院之所以闻名于世,主要因为它是欧洲建筑史上一个划时代的砌体结构建筑。在它之前,教堂建筑大多数笨重粗俗,沉重的拱顶、粗矮的柱子、厚实的墙壁、阴暗的空间,使人感到压抑,而巴黎圣母院冲破了旧的束缚,顶部采用一排连续的尖拱,显得细瘦而空透,创造了一种全新的轻巧的骨架券结构(见图3-35),这种结构能够使拱顶变轻,空间升高,光线更加充足。巴黎圣母院建成后,这种独特的建筑风格很快在欧洲传播开来。

图 3-34　巴黎圣母院

图 3-35　骨架券结构

新中国成立后，我国的砌体结构得到很大的发展和广泛的应用，住宅建筑、多层民用建筑、工业建筑大量采用砖墙承重。中国传统的空心砖墙经过改进，已经用作 2～4 层建筑的承重墙。自 20 世纪 50 年代末开始，采用振动砖墙板建造五层住宅，承重墙厚度仅为 12cm。在地震区，在承重砖墙转角和内外纵横墙交接处设置钢筋混凝土构造柱与钢筋混凝土圈梁，共同构成一个整体框架（见图 3-36）。还可以采用空心砖或空心砌块孔内配置纵向钢筋（见图 3-37）和浇灌混凝土等措施，提高砌体结构的抗震性能。

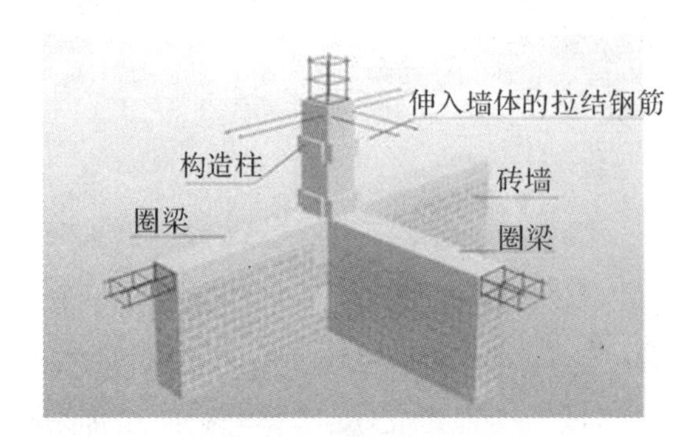

图 3-36　构造柱与圈梁

1998 年，上海修建了一栋 18 层的剪力墙结构住宅楼（见图 3-38），采用的是 190mm 厚的空心混凝土砌块配筋砌体，在当时是我国最高的砌块高层房屋，而且建在 7 度设防的上海市，其影响和作用都是比较大的。2000 年，抚顺也建成一栋 6.6m 大开间 12 层配筋砌块剪力墙板式住宅楼。2001 年，哈尔滨阿继科技园修建了 12 层配筋砌块房屋，其后一幢 18 层砌块高层也建成。

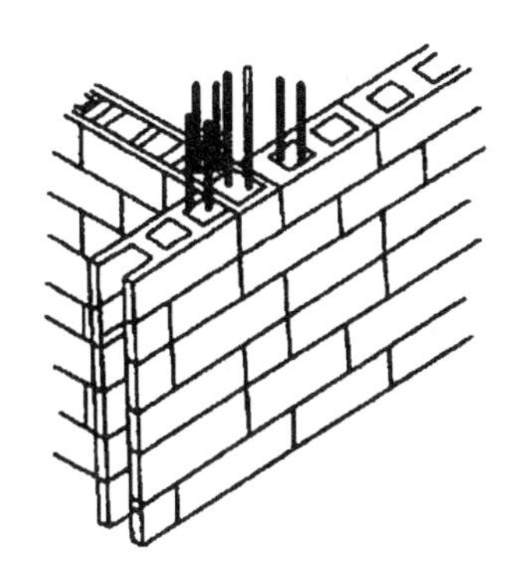

图 3-37　空心砌块墙内的纵向钢筋

图 3-38　剪力墙结构住宅楼

国外的砌块生产发展也很快，20 世纪 70 年代一些国家的砌块产量就已接近砖的产量。国外采用砌体作承重墙，建造了许多高层房屋。1970 年，在英国诺丁汉市建成一幢 14 层房屋，内墙厚 230mm，外墙厚 270mm，与钢筋混凝土框架相比，上部结构造价降低了 7.7%。1990 年在拉斯维加斯建造的 28 层配筋砌体结构——爱斯凯利堡旅馆（见图 3-39），位于地震 2 区（相当于我国的 7 度区），是目前最高的配筋砌体建筑。

图 3-39　爱斯凯利堡旅馆

3.3　混凝土结构建筑物

混凝土（见图 3-40）是将水泥，砂、石子、矿物掺和料、外加剂等，按一定比例混合后加水拌制而成的材料。混凝土结构是以混凝土为主要材料制作的结构，包括素混凝土结构、钢筋混凝土结构和预应力混凝土结构等。在混凝土结构中配以适量的钢筋，称为钢筋混凝土结构；反之，未配置钢筋，则为素混凝土结构。预应力混凝土结构是在混凝土构件承受荷载前的制作阶段，预先对使用阶段的受拉部位施加压应力，达到推迟混凝土受拉部位开裂的目的，提高结构的承载能力。混凝土结构的应用极为广泛，可用于：建造剪力墙、地下室、水塔、电视塔等建筑；基础工程方面，如各类桩基、承台、公路铁路桥桩的建设；交通水利工程方面，如桥梁、码头、水库、大坝的建设；国防工程方面，如掩体、工事、地堡、机窝、防空等建筑的建设。

图 3-40　混凝土

混凝土结构的优点是整体性、可模性、耐久性、耐火性均较好，工程造价、维护费用低。缺点是抗拉强度低，施工工序复杂，周期长，结构自重大，受季节和气候的影响较大，修复困难，隔热、隔声性能较差。

1999 年建成的金茂大厦（见图 3-41），位于上海浦东新区黄浦江畔的陆家嘴金融贸易区，地上 88 层，地下 3 层，楼高 421m。主体结构形式为框筒结构，中间的核心筒为现浇的钢筋混凝土，该核心筒从地下至 31 层采用 C60 混凝土，32 层至 62 层采用 C50 混凝土，是上海第三高的摩天大楼。

图 3-41　金茂大厦

图 3-42　中信广场

广州中信广场(见图3-42),高391m,于1997年建成,是当时亚洲第一高楼。它是由一座80层的主楼、左右两座各38层的副楼以及5层的裙楼组成。主楼是办公楼,采用钢筋混凝土框架—筒体结构。两座副楼是酒店式公寓,裙楼是商场。其建筑设计极富创造力,建筑外形如同展翅飞翔的双翼,使中信广场充满朝气。

坐落于澳大利亚悉尼城市北部的悉尼歌剧院(见图3-43),以独特的建筑设计闻名于世。其外观为三组巨大的壳片,耸立在南北长186m、东西最宽处为97m的现浇钢筋混凝土结构的基座上。该建筑也为钢筋混凝土结构。贝壳形的尖屋顶(见图3-44)是由2 194块每块重15.3t的弯曲形混凝土预制件,用钢缆拉紧拼接而成。由于混凝土壳体颜色不美观,且为了保护结构,壳体外表覆盖了105万块白色或奶油色的瓷砖(见图3-45),屋顶采用了创新的调节型钢桁架支撑。悉尼歌剧院的巨大白色壳片群,犹如海上的船帆,与周围景色相映成趣,是现代建筑史上巨型雕塑式的典型作品。

图3-43　悉尼歌剧院

图3-44　尖屋顶

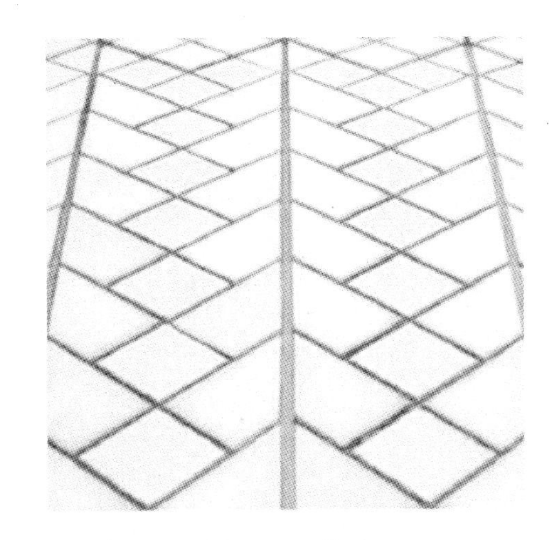

图3-45　瓷砖

马来西亚首都吉隆坡的双子塔(见图3-46),建成于1996年,是目前世界上最高的双子塔,高达452m,地上共88层。两座塔楼的中央核心筒采用钢筋混凝土建造,周边的16根混凝土圆柱支承上部结构。双子塔的中部有一座世界上最高空中桥梁(距离地面170m),

长 58.4m，用于连接和稳固两栋塔楼，站在那里可以俯瞰马来西亚首都最繁华的景象。

19 世纪末 20 世纪初，我国开始出现混凝土建筑物，上海、广州等沿海城市的建筑，部分采用了钢筋混凝土楼板，但工程规模小，建筑数量也很少。20 世纪 70 年代，钢筋混凝土结构逐渐兴起，建造了北京饭店、广州白云宾馆以及一批高层住宅等建筑。80 年代，高层建筑的发展加快了步伐，结构体系更为多样化，层数增多，高度加大。例如，香港的中环广场高 374m，共 78 层，为三角形平面筒中筒结构；广州国际大厦（见图 3－47）高 199m，共 63 层，是当时世界上最高的部分预应力混凝土建筑。

图 3－46 吉隆坡的双子塔

图 3－47 广州国际大厦

国外的混凝土结构自 19 世纪中期开始得到应用，最初仅用于板、拱等简单的结构。1875 年，法国的园艺师蒙耶建成了世界上第一座钢筋混凝土桥。第二次世界大战后，混凝土结构发展很快，在大力发展装配式钢筋混凝土结构体系的同时，有些国家还采用了工具式模板、机械化现浇与预制相结合，即装配整体式钢筋混凝土结构体系。随着轻质、高强混凝土材料的发展以及结构设计理论水平的提高，混凝土结构的跨度和高度也不断地增大，如朝鲜平壤柳京饭店（见图 3－48）共 105 层，高 300m；世界最高的全部轻混凝土结构建筑是美国休斯敦贝壳广场大厦，共 52 层，高 215m；日本滨名大桥采用预应力混凝土建造箱形截面，桥梁跨度达 240m 以上。

图 3－48 朝鲜平壤柳京饭店

3.4 钢结构建筑物

钢结构是主要的建筑结构类型之一，它是以钢材为主要材料组成的结构。钢结构的钢梁、钢柱、钢桁架等承重构件是由型钢和钢板等制作而成的，各构件或部件之间采用焊缝、螺栓或铆钉连接。钢结构在工业厂房（见图3-49）、市政基础设施建设、文教体育建设、桥梁、海洋石油工程、航空航天等行业都得到了广泛应用，市场前景广阔。

图3-49 钢结构厂房

钢结构的特点：①与混凝土和木材相比，钢材强度较高，自身重量轻，密度较低。②钢材韧性、塑性好，具有良好的抗震性能，材质均匀，结构可靠性高。③钢结构制造安装机械化程度高，钢结构构件便于在厂制造和工地拼装，生产效率高、拼装速度快，可缩短工期。④钢结构密封性能好，焊接时可以做到完全密封，因此钢结构可以做成气密性、水密性均很好的高压容器以及大型油池、压力管道等。⑤钢结构耐火性差，温度在300～400℃时，钢材的强度显著下降，温度在600℃左右时，钢材的强度趋于零；在有特殊防火需求的建筑中，钢结构必须采用耐火材料加以保护，来提高耐火等级。⑥钢结构耐腐蚀性差，在潮湿和腐蚀性介质的环境中容易锈蚀，一般钢结构要除锈、镀锌或涂料，并且要定期维护。

国家体育场（鸟巢）是承办北京2008年奥运会的主体育场，它的主体为一个巨型空间马鞍形钢桁架编织式“鸟巢”结构（见图3-50），南北长333m，东西宽294m，高69m。外部用钢量为4.2万t，整个工程包括混凝土中的钢材、螺纹钢等，总用钢量达11万吨。体育场内部看台分为上、中、下3层，地下1层，地上7层，均为钢筋混凝土框架—剪力墙结构体系。钢结构与混凝土看台上部完全脱开，互不相连，但形式上看似相互围合，全部坐在一个基础底板上。鸟巢以其独特的外形、新颖的构造，为2008年奥运会创造了史无前例的地标性建筑。

国家大剧院（见图3-51）位于北京市中心天安门广场西侧，外部为半椭球形的钢结构壳体，东西长轴长212.2m，南北短轴为143.64m，高46.68m，整个壳体结构重达6 475t。巨大的钢壳体是由顶环梁、钢架构成骨架，148榀弧形钢架呈放射状分布，钢架之间由连杆、斜

图 3-50 国家体育场(鸟巢)

撑连接。国家大剧院外围环绕着水色荡漾的人工湖，总面积达 35 500m^2，湖水如同一面镜子，中央托起一座巨大而晶莹的建筑，造型新颖、前卫，构思独特，是传统与现代、浪漫与现实的结合。

图 3-51 国家大剧院

埃菲尔铁塔(见图 3-52)位于法国巴黎的塞纳河畔，建成于 1889 年。这座钢架镂空结构的铁塔分为 3 层，高 325m，除了第 3 层平台没有缝隙外，其他部分全部透空。埃菲尔铁塔只有 4 个脚采用钢筋水泥材料，全身都是由钢铁构成，分散的钢铁构件共 18 038 个，看起来像一个模型的组件，重达 1 万 t。施工时共钻孔 700 万个，使用铆钉 250 万个，由于铁塔上的每个部件均事先严格编号，所以装配时没出一点差错，施工完全依照设计进行，中途没有进行任何改动，可见设计之合理、计算之精确。埃菲尔铁塔建成后，曾经保持了 30 年世界最高建筑物的记录。站在塔上可以领略到独具风采的巴黎市区全景。

1974 年建成的威利斯大厦(见图 3-53)，是美国芝加哥的一幢办公楼，共 110 层，地上 108 层，地下 3 层，总高度为 442.3m，建筑面积为 416 000m^2。大厦为钢框架构成的成束筒结构体系，用钢材量达 76 000t。其外形的特点是逐渐上收，1～50 层的楼层面积为4 893m^2，51～66 层为 3 848m^2，67～90 层为 2 802m^2，91～110 层为 1 411m^2。此设计既可以减小风压，又能够取得外部造型变化的效果。威利斯大厦突破了一般高层建筑呆板对称的造型手法，是建筑设计与结构创新相结合的成果。

图3-52 埃菲尔铁塔

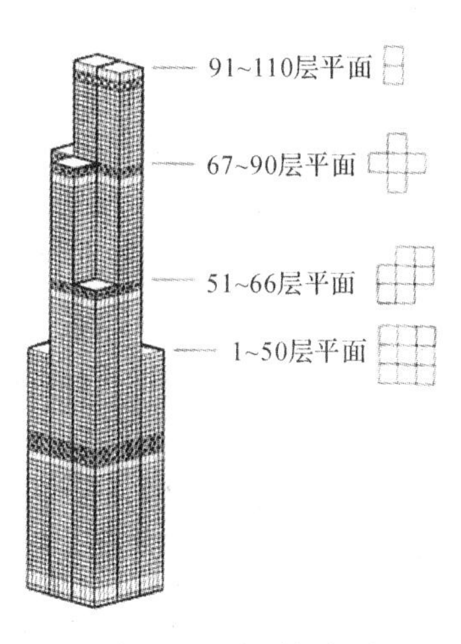

图3-53 威利斯大厦

人类在早期时便用铁类金属制作梁、柱等建筑构件。我国在战国时期建造了世界上第一座铁链悬桥——兰津桥。1705年建造的四川泸定桥(见图3-54),是当时跨度最大的铁索桥,长103.67m,宽3m。桥身由13根粗铁链组成,左右两边各2根作为桥栏,底下并排9根,铺上木板,即为桥面。改革开放后,随着经济的快速发展,钢产量逐年增加,我国逐渐成为产钢大国。2008年在奥运会的推动下,出现了钢结构建筑热潮,建成了一大批机场、工业厂房、高层建筑、体育场等钢结构建筑。

图3-54 四川泸定桥

英国是欧美等国家中较早使用铁作为建筑材料的国家,1772年建成的利物浦圣安妮教堂,其建筑构件是采用铸铁制成。1855年英国人发明了贝氏转炉炼钢法,1865年法国人发明了平炉炼钢法,1870年工字钢轧制成功,随后钢材得以大批量工业化生产。

图3-55 世界贸易中心双塔

美国在1973年建成了纽约世界贸易中心,共110层,高417m,是几栋建筑物的综合体,其中北楼和南楼为建筑主体,呈双塔形(见图3-55),塔柱边宽63.5m。大楼采用钢结构,用钢量达78 000t,楼外有密集的钢柱,铝板和玻璃窗构成墙面。它是纽约市的标志性建筑。

3.5 钢—混凝土组合结构建筑物

钢—混凝土组合结构,其中的钢为钢筋或型钢,混凝土为素混凝土或钢筋混凝土,由这些材料制作而成的构件,形成建筑物的结构体系,称为钢—混凝土组合结构建筑物。它兼具钢结构和混凝土结构优点,可用于建造高层建筑中的楼面梁、桁架、板、柱,屋盖结构中的屋面板、梁、桁架,厂房中的柱及工作平台梁、板以及桥梁等。

上海环球金融中心(见图 3-56)是我国内地最高的钢—混凝土组合结构建筑,位于上海陆家嘴金融贸易区,总高度达 492m,共 104 层,地上 101 层,地下 3 层,2008 年竣工后成为上海浦东的新地标。大楼为筒中筒结构,外筒为巨型桁架筒体,内筒为钢筋混凝土筒体。为了抵抗风与地震荷载,大楼具有三重结构体系:①巨型柱、巨型斜撑和周围带状桁架构成的巨型结构;②钢筋混凝土核心筒;③构成核心筒和巨型结构柱之间的外伸臂桁架。风和地震引起的倾覆弯矩便由以上三重体系共同承担。大楼在 90 层设置了两台风阻尼器,以减少强风引起的建筑顶部摇晃。

南京紫峰大厦(见图 3-57)于 2010 年 9 月竣工,主楼地上 89 层,总高度为 450m,是江苏省第一高楼。大厦为带有加强层的框架核心筒混合结构体系,采用型钢混凝土柱、钢梁和钢筋混凝土核心筒,在 10 层、35 层、60 层分别设置了三个加强层,为高 8.4m 的钢结构外伸臂桁架与带状桁架,将周边的组合柱与内部的钢筋混凝土核心筒相连接,以便减少建筑在风及地震作用下的位移。

图 3-56 上海环球金融中心

图 3-57 南京紫峰大厦

台北 101 大厦(见图 3-58)于 2004 年 12 月底落成,地上 101 层,地下 5 层,为钢—混凝土组合结构。大厦地面到屋顶高度为 448m,加天线高度为 509m,是全球最高的绿色建筑、环太平洋地震带最高建筑,同时也是中国台湾地区的最高建筑。大厦的桩基由 382 根钢筋混凝土构成，主体中心的外围有8根钢筋巨柱，巨柱为双管结构，外管为钢，内管为钢加混凝土。大厦至少使用了五种钢，不同部位的混凝土，经特殊调制，比一般混凝土强度高60%。台湾地区位于地震带上，且每年夏天都会受到台风的影响，因此大厦的建造必须考虑防震和防风两大问题。主体中心的8根钢筋的巨柱，可增加大楼的弹性，从而减小地震所带来的破坏。但是良好的弹性同时会造成大楼面临微风冲击，从而造成摇晃的问题。为此，大楼在88～92楼设置了风阻尼器，重达660t，是目前全球最大的阻尼器(见图3-59)，它可以减小风力所产生的摇晃。另外，大楼锯齿状的外形，也有利于抵抗风的冲击。

图3-58 台北101大厦

图3-59 阻尼器

世界第一高楼哈利法塔(见图3-60)位于阿拉伯联合酋长国迪拜，于2010年1月建成，共162层，高度为828m。塔楼采用下部混凝土结构、上部钢结构的全新组合结构，－30～601m为钢筋混凝土剪力墙结构，601～828m为钢结构，共使用混凝土330 000m^2、钢材39 000t及玻璃142 000m^2。此外，该塔史无前例地将混凝土垂直泵送到了601m的地方。为减小风荷载对建筑的影响，哈利法塔采用了三叉形平面(见图3-61)，此体型具有良好的对称性和较强的刚度。塔内的50余部电梯，可以顺利连接地面和顶楼，其爬升速度居世界第一。哈利法塔已入选吉尼斯世界纪录，它是人类历史上首座高度超过800m的建筑物。

图3-60 哈利法塔

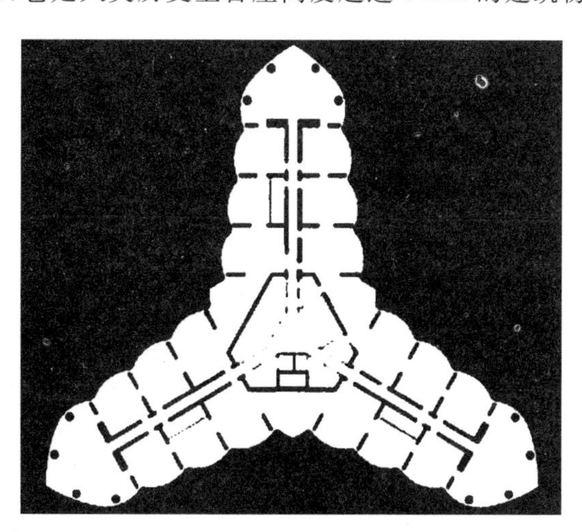

图3-61 三叉形平面

3.6 特种结构

特种结构是指除房屋、道路、桥梁、地下建筑以外，在建筑工程中具有特殊用途的工程结构，如水塔、烟囱、筒仓、贮液池、冷却塔、挡土墙、电视塔和纪念碑等构筑物。

(1)水塔

水塔是常用的给水排水工程构筑物，是用于储水和配水的高耸结构，并且能够保持和调节给水管网中的水量和水压。科威特水塔建于1977年，是目前世界上最高的水塔。它由三座水塔组成(见图3-62)，主塔高187m，直径32m，塔上有两个大小不同的球体，大球体的下部储水4 500m^3，上部是餐厅。小球体内设观光看台，可在其上远眺波斯湾美景。

图3-62 科威特水塔

(2)烟囱

烟囱是常用的工业生产构筑物，外形为圆柱体，下粗上细，用来排除气体或烟尘。建造烟囱的材料一般为砖、钢筋混凝土或型钢，结构形式有单筒、多筒及筒中筒等。山西神头二电厂的烟囱(见图3-63)高270m，为钢筋混凝土结构，是我国最高的双筒烟囱。

图3-63 山西神头二电厂烟囱

(3)纪念碑

纪念碑是一种纪念性的建筑，为纪念已故人物或大事件而建立。我国的人民英雄纪念碑(见图3-64)于1958年建成，为石砌体结构，位于北京天安门广场中心，高37.94m，长14.7m，宽2.9m，它是为纪念我国近现代史上的革命烈士而建造的。1884年建成的华盛顿纪念碑(见图3-65)位于美国首都华盛顿市中心，为纪念美国首任总统乔治·华盛顿而建造，高169m，是世界上最高的石制建筑。

图3-64　人民英雄纪念碑

图3-65　华盛顿纪念碑

(4)电视塔

电视塔是用于广播电视发射传播的建筑，发射天线越高，播送范围越大。电视塔一般为筒体悬臂结构或空间框架结构，由塔基、塔座、塔身、塔楼及桅杆等组成。我国最高的电视塔是广州的新电视塔(见图3-66)，建成于2009年，塔身主体高454m，天线桅杆高146m，总高度达600m。世界上最高的电视塔是日本的东京天空树(见图3-67)，于2012年竣工，高度为634m，是世界最高的自立式电波塔。

图3-66　新电视塔

图3-67　东京天空树

复习思考题

1. 建筑物由哪些构件组成？
2. 建筑物的基础分为哪几类？各适用于什么地方？
3. 什么是砌体结构？有何特点？
4. 什么是混凝土结构？有何特点？
5. 什么是钢结构？有何特点？
6. 墙体可分为哪几类？有什么作用？
7. 钢—混凝土组合结构有哪些优点？
8. 建筑中的基础、墙、梁、板、柱主要承受哪些荷载？
9. 特种结构的构筑物有哪些？
10. 高层建筑在建造时需要考虑哪些外界因素的影响？

第 4 章　基础工程

学习目标

本章通过介绍工程地质勘察、地基与基础的基本知识，使学生了解工程地质勘察的基本方法，掌握地基与基础的概念，掌握常见基础的分类、特点及适用范围，熟悉浅基础、深基础的施工工艺，了解常见的软弱地基、不良地基的种类，熟悉地基处理的基本方案。

4.1　工程地质勘察

工程地质勘察在于以各种勘察手段和方法，调查研究和分析评价建筑场地和地基的工程地质条件，为设计和施工提供所需的工程地质资料，认识场地的地质条件，分析它与建筑物之间的相互影响。地质条件包括岩土的类型及其工程性质、地质构造、地形地貌、水文地质条件、不良地质现象和可资利用的天然建筑材料等。

4.1.1　各类工程勘察的基本要求

当场地或其附近存在不良地质作用和地质灾害（如岩溶、滑坡、泥石流、地震区、地下采空区等）时，这些场地条件复杂多变，对工程安全和环境保护的威胁很大，必须精心勘察并分析评价。此外，勘察时不仅要查明现状，还要预测今后的发展趋势。工程建设对环境会产生重大影响，在一定程度上干扰了地质作用原有的动态平衡。大填大挖，加载卸载，蓄水排水，控制不好，会导致灾难。勘察工作既要对工程安全负责，又要对保护环境负责，做好勘察评价。

(1)房屋建筑和构筑物

房屋建筑和构筑物（以下简称建筑物）的岩土工程勘察，应在搜集建筑物上部荷载、功能特点、结构类型、基础形式、埋置深度和变形限制等方面资料的基础上进行。

其工作内容主要有：

查明场地和地基的稳定性、地层结构、持力层和下卧层的工程特性、土的应力历史和地下水条件以及不良地质作用等；提供满足设计、施工所需的岩土参数，确定地基承载力，预测地基变形性状；提出地基基础、基坑支护、工程降水和地基处理设计与施工方案的建议；提出对建筑物有影响的不良地质作用的防治方案建议；对于抗震设防烈度等于或大于 6 度的场地，进行场地与地基的地震效应评价。

(2)边坡工程

边坡工程勘察应查明下列内容：

岩土的类型、成因、工程特性，覆盖层厚度，基岩面的形态和坡度；岩体主要结构面的类型、产状、延展情况、闭合程度、充填状况、充水状况、力学属性和组合关系，主要结构面与临空面的关系，是否存在外倾结构面；地下水的类型、水位、水压、水量、补给和动态变化，岩土的透水性和地下水的出露情况；地区气象条件(特别是雨期、暴雨强度)，汇水面积、坡面植被，地表水对坡面、坡脚的冲刷情况；岩土的物理力学性质和软弱结构面的抗剪强度。

(3)基坑工程

土质基坑的勘察。对岩质基坑，应根据场地的地质构造、岩体特征、风化情况、基坑开挖深度等，按当地标准或当地经验进行勘察。

需进行基坑设计的工程，勘察时应包括基坑工程勘察的内容。在初步勘察阶段，应根据岩土工程条件，初步判定开挖可能发生的问题和需要采取的支护措施；在详细勘察阶段，应针对基坑工程设计的要求进行勘察；在施工阶段，必要时应进行补充勘察。

(4)桩基础

桩基岩土工程勘察应包括下列内容：

查明场地各层岩土的类型、深度、分布、工程特性和变化规律；当采用基岩作为桩的持力层时，应查明基岩的岩性、构造、岩面变化、风化程度，确定其坚硬程度、完整程度和基本质量等级，判定有无洞穴、临空面、破碎岩体或软弱岩层；查明水文地质条件，评价地下水对桩基设计和施工的影响，判定水质对建筑材料的腐蚀性；查明不良地质作用、可液化土层和特殊性岩土的分布及其对桩基的危害程度，并提出防治措施的建议；评价成桩可能性，论证桩的施工条件及其对环境的影响。

4.1.2 工程地质勘探方法

工程地质勘探是工程建设的前期工作，通过运用地质、工程地质及有关学科的知识和技术方法，为工程建设的正确规划、设计和施工等提供可靠的地质资料，以保证建筑物的安全稳定、经济合理和正常使用。

(1)工程地质测绘

在各种工程地质勘察方法中，工程地质测绘是最根本、最主要的方法。这一方法的本质是应用地质理论知识对地面的地质体和地质现象进行观察和描述，以了解地质变化规律。

(2)工程地质勘探

工程地质勘探工作通常被用来调查地下地质情况，并且可利用勘探工程取样，进行原位测试和监测，实际工程中应根据勘察目的及岩土的特性选用各种勘探方法，主要有坑、槽探、钻探、地球物理勘探等。

1)坑、槽探

坑、槽探就是用人工或机械方式进行挖掘坑、槽、井、洞。以便直接观察岩土层的天然状态以及各地层的地质结构，并能取出接近实际的原状结构土样。

2)钻探

钻探是指用钻机在地层中钻孔，以鉴别和划分地表下地层，并可以沿孔深取样的一种勘探方法。钻探是工程地质勘察中应用最为广泛的一种勘探手段，它可以获得深层的地质资料。

钻探采用钻探机械钻进或矿山掘进法，可以直接揭露建筑物布置范围和影响深度内的工程地质条件，为工程设计提供了准确的工程地质剖面的勘察方法。其任务是：查明建筑物影响范围内的地质构造，了解岩层的完整性或破坏情况，为建筑物探寻良好的持力层(承受建筑物附加荷载的主要部分的岩土层)和查明对建筑物稳定性有不利影响的岩体结构或结构面(如软弱夹层、断层与裂隙)，揭露地下水并观测其动态，采取试验用的岩土试样；为现场测试或长期观测提供钻孔或坑道。

3)地球物理勘探

地球物理勘探简称物探，它是利用专门仪器，通过研究和观测各种地球物理场的变化来测定各类岩、土体或地质体的密度、导电性、弹性、磁性、放射性等物理性质的差别，通过分析解释判断地面下的工程地质条件。物探是一种间接的勘探手段，它的优点是较钻探和坑探更轻便、经济而迅速，能够及时解决工程地质测绘中难于推断而又急待了解的地下地质情况，所以常常与测绘工作配合使用。它又可作为钻探和坑探的先行或辅助手段。

(3)工程地质野外试验

工程地质野外试验是为以计算法和定量评价求土石的物理、水理和力学性质指标，地下水埋藏和运动情况、水的侵蚀性，工程动力地质作用的发展速度、规模，以及处理措施的效果等取得具体数据资料。

(4)长期观测

长期观测的主要任务是检验测绘、勘探对工程地质条件评价的正确性；查明动力地质作用及其影响因素随时间的变化规律，准确预测工程地质问题，为防止不良地质作用所采取的措施提供可靠的工程地质依据，检查为治理不良地质作用而采取的措施的效果。

(5)勘察资料的内业整理

勘察资料的室内整理工作包括：土石物理力学指标的整理和数理统计，工程地质图与其他图件的编绘，以及工程地质报告书的编写。这一工作是将各项勘察方法所获得的资料进行系统整理、分析和总结，并据此提出工程地质评价和结论。

4.1.3 工程地质报告

岩土工程勘察报告书是建(构)筑物基础设计和基础施工的依据，因此对设计和施工人员来说，正确阅读、理解和使用勘察报告是非常重要的。应当全面熟悉勘察报告的文字和图表内容，了解勘察的结论建议和岩土参数的可靠程度，把拟建场地的工程地质条件与拟建建筑物的具体情况和要求联合起来进行综合分析。在确定基础设计方案时，要结合场地具体的工程地质条件，充分挖掘场地有利的条件，通过对若干方案的对比、分析、论证，选择安全可靠、经济合理且在技术上可以实施的较佳方案。

实地勘察后，应对工程地质调查、测绘、勘探、测试的成果和资料进行整理分析，编绘图件，提出工程地质报告。

(1)报告基本内容

1)工程地质勘探任务的依据、目的和要求,以及工作的主要内容和工作量。

2)对区域内主要的地形、地貌、地层岩性、地质构造、地震(地震危险性分析和地震动力设计参数)、地下水特征和不良地质现象的类别、规模和特征等进行阐述。

3)对地基岩土物理力学参数、地基基础与边坡稳定性、基础的适宜性做出评价。

4)根据工程地质条件、岩土物理力学性能,对基础类型和埋置深度以及不良地质与特殊性岩土的防治措施提出建议。

(2)报告所附图表资料

1)勘探点平面布置图;

2)工程地质柱状图;

3)工程地质剖面图;

4)原位测试成果图表;

5)室内试验成果图表;

6)岩土利用、整治、改造方案的有关图表;

7)岩土工程计算简图及计算成果图表;

8)综合工程地质图、综合地质柱状图、地下水位线图、素描及照片等(在必要时)。

4.2 地 基

基础是房屋的重要组成部分,是建筑地面以下的承重构件,它承受建筑物上部结构传递下来的全部荷载,并把这些荷载连同基础的自重一起传到地基上。地基则是支承基础的土体和岩体,它不是建筑物的组成部分。

4.2.1 地基应满足的要求

地基承受建筑物荷载而产生的应力和应变随着土层深度的增加而减小,在达到一定深度后就可忽略不计。地基由持力层与下卧层两部分组成,直接承受建筑荷载的土层为持力层,持力层下面的不同土层均属下卧层。

(1)强度方面的要求

要求地基有足够的承载力,应优先考虑采用天然地基。地基竣工后其强度或承载力必须达到设计标准,并进行现场检验。

(2)变形方面的要求

要求地基有均匀的压缩量,以保证有均匀的下沉。若地基下沉不均匀,建筑物上部会产生开裂变形。设计等级为甲级、乙级的建筑物,均应作地基变形设计。

(3)稳定方面的要求

要求地基有防止产生滑坡、倾斜方面的能力。必要时(特别是高度差较大时)应加设挡土墙以防止滑坡变形的出现。

4.2.2 天然地基

凡天然土层具有足够的承载能力,不需经过人工加固,可直接在其上部建造房屋的土层称为天然地基。天然地基的土层分布及承载力大小由勘测部门实测提供。作为建筑地基的土层分为岩石、碎石土、砂土、粉土、黏性土和人工填土。

4.2.3　人工地基

当土层的承载力较差，或虽然土层质地较好但上部荷载过大时，为使地基具有足够的承载能力，应对土层进行加固。这种经过人工处理的土层叫人工地基。

人工地基的加固处理方法有以下几种：

(1)压实法

利用重锤(夯)、碾压(压路机)和振动法将土层压实。这种方法简单易行，对提高地基承载力收效较大。

(2)换土法

当地基土为淤泥、冲填土、杂填土及其他高压缩性土时，基础下的持力层比较软弱、不能满足上部结构荷载对地基的要求，常采用换土垫层的方法来处理软弱地基。换土所用材料宜选用中砂、粗砂、碎石或级配石等空隙大、压缩性低、无侵蚀性的材料。换土范围由计算确定。

(3)振冲法

振冲法是振动水冲击法的简称，按不同土类可分为振冲置换法和振冲密实法两类。振冲法在黏性土中主要起振冲置换作用，置换后填料形成的桩体与土组成复合地基；在砂土中主要起振动挤密和振动液化作用。振冲法的处理深度可达10m左右。

(4)深层搅拌法

深层搅拌法系利用水泥或其他固化剂，通过特制的搅拌机械，在地基中将水泥和土体强制拌和，使软弱土硬结成整体，形成具有水稳性和足够强度的水泥土桩或地下连续墙，处理深度可达8～12m。

施工过程：定位→沉入到底部→喷浆搅拌(上升)→重复搅拌(下沉)→重复搅拌(上升)→完毕。

4.3　浅基础

建筑中的基础指建筑底部与地基接触的承重构件，是工程结构物地面以下的部分结构构件，它的作用是把建筑上部的荷载传给地基，因此地基必须坚固、稳定而可靠。基础是房屋、桥梁、码头及其他构筑物的重要组成部分。

一般而言，基础多埋置于地面以下，但诸如码头桩基础、桥梁基础、半地下室箱形基础等均有一部分在地表之上。通常把位于天然地基上、埋置深度小于5m的一般基础(柱基或墙基)，以及埋置深度虽超过5m但小于基础宽度的大尺寸基础(如箱形基础)，统称为天然地基上的浅基础。

当施工场地的地基属于软弱土层(通常指承载力低于100kPa的土层)，或者上部有较厚的软弱土层，不适于做天然地基上的浅基础时，也可将浅基础做在人工地基上。

天然地基上的浅基础埋置深度较浅，用料较省，不需要复杂的施工设备，在开挖基坑或必要时支护坑壁和排水疏干后对地基不加处理即可修建，工期短、造价低，因而设计时宜优先选用天然地基。当这类基础及上部结构难以适应较差的地基条件时才考虑采用大型或复杂的基础形式，如连续基础、桩基础或人工处理地基。

4.3.1 浅基础的分类

浅基础根据基础所用材料和受力性能又可分为刚性基础（无筋基础）和柔性基础（钢筋混凝土基础），根据基础形状和结构形式可分为扩展基础、联合基础、连续基础、壳体基础等（见图 4－1）。

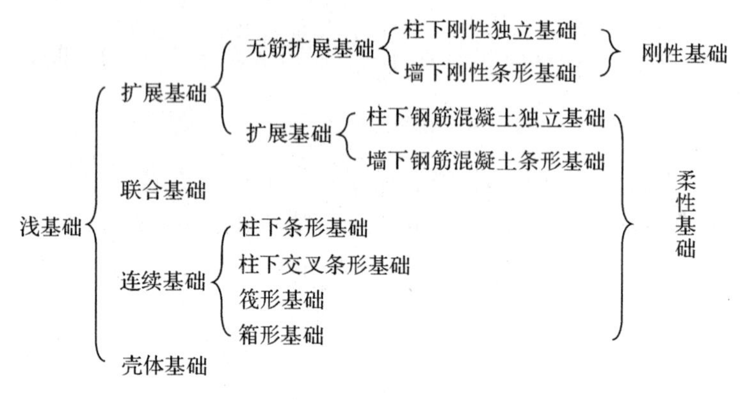

图 4－1 浅基础的分类

（1）无筋扩展基础

无筋扩展基础又称刚性基础，通常是由砖、块石、毛石、素混凝土、三合土和灰土等材料建造的基础，这些材料具有较好的抗压性能，但抗拉、抗剪强度较低，设计时要求基础的外伸宽度和基础高度的比值在一定限度内，以避免基础截面的拉应力和剪应力超过其材料强度设计值。

无筋扩展基础又可分为墙下无筋扩展条形基础和柱下无筋扩展独立基础（见图 4－2）。

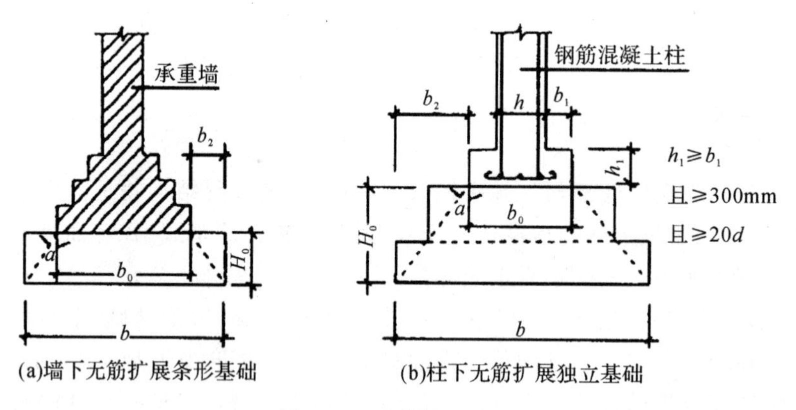

(a)墙下无筋扩展条形基础 (b)柱下无筋扩展独立基础

图 4－2 无筋扩展基础

（2）柔性基础

当刚性基础不能满足力学要求时，可以做成钢筋混凝土基础，称为柔性基础。柔性基础主要有墙下条形基础、柱下独立基础、柱下条形基础、十字交叉条形基础、筏板基础和箱形基础等。这类基础具有良好的抗剪能力和抗弯能力，并具有耐久性和抗冻性好、构造形式多样、可满足不同的建筑和结构功能要求、能与上部结构结合成整体共同工作等优点。

1)钢筋混凝土独立基础

钢筋混凝土独立基础是独立的块状形式,常用断面形式有阶梯形、锥形、杯形(见图4-3)。适用于多层框架结构或厂房排架的柱下基础,其材料通常采用钢筋混凝土。

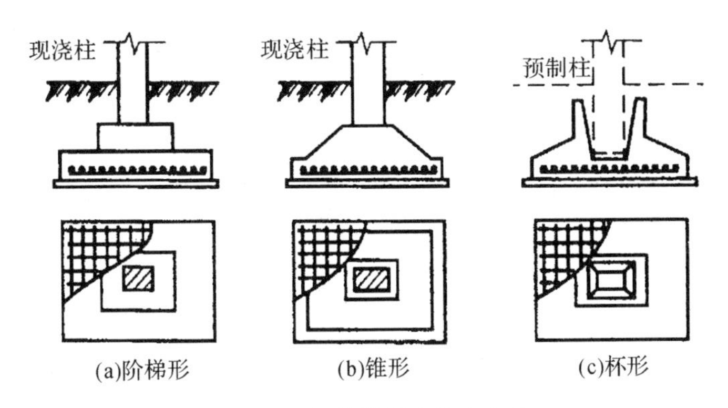

图4-3　钢筋混凝土独立基础

2)条形基础

条形基础指基础长度远大于基础宽度(至少5倍以上)的一种形式,包括墙下条形基础和柱下条形基础。由于基础是连续带形,也称带形基础。

①墙下条形基础:一般用于多层混合结构的承重墙下。

②柱下条形基础:为增加基底面积或增强整体刚度,以减少不均匀沉降,常用钢筋混凝土条形基础,将各柱下基础用基础梁相互连接成一体,形成井格基础。

柱下条形基础也十分常见,可理解为将一排柱子的单独基础联合在一起便形成柱下条形基础,它具有较大的刚度以及调整地基变形的能力。这种基础通常用于软弱地基。

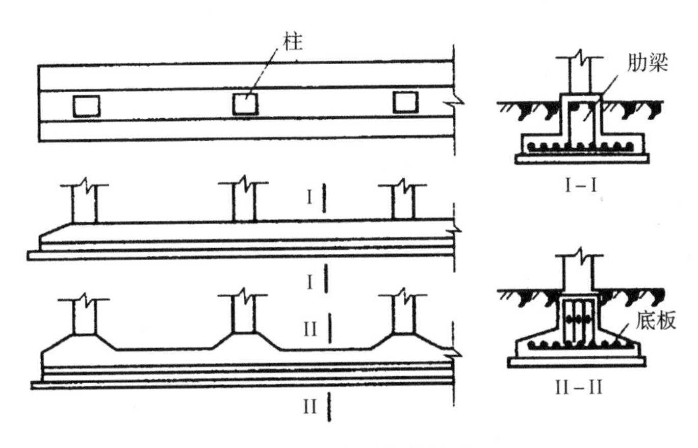

图4-4　柱下条形基础

地基和填土地基上的基础设计,对上部柱子传来的荷载能起到一定的分布和调整作用(见图4-4)。

3)筏形基础(用板梁墙柱组合浇筑而成的基础)

筏形基础又称满堂基础,底宽在3m以上且底面积在20m²以上,用钢筋混凝土浇筑而成。其构造类似于倒置的钢筋混凝土楼盖,有平板式和梁板式两类(见图4-5)。

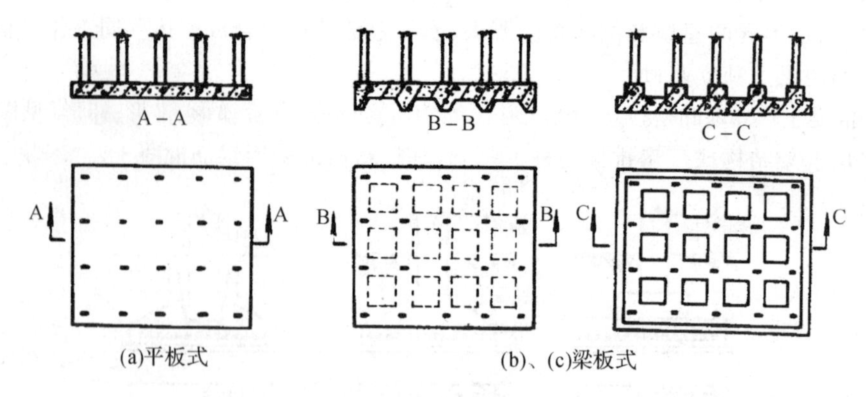

图 4－5　筏形基础

4)箱形基础(通常用于高层)

为增加基础刚度,将地下室的底板、顶板和墙整体浇成箱子状的基础,称为箱形基础(见图 4－6)。当筏形基础埋深较大并设有地下室时,为了增加基础的刚度,将地下室的底板、顶板和墙浇制成整体箱形基础。

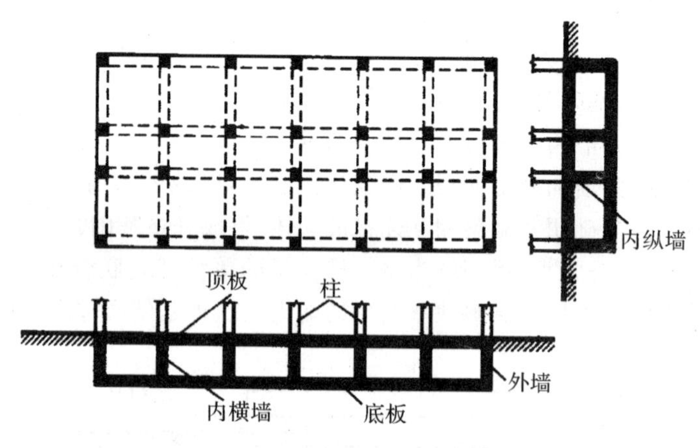

图 4－6　箱形基础

4.3.2　浅基础的方案选择

建筑的上部结构的整体刚度和抗震性能至关重要,而与之相适应的基础选型成为影响结构安全和建筑经济的重要因素。通过大量工程实践,发现有些建筑在基础选型上与上部结构不相适应,与所处地基条件也不很协调,在发挥地基、基础及上部结构空间协调作用上不能较紧密地配合,协同工作,以发挥更大的、更充分的作用。有的建筑物基础选型时不顾上部结构,建筑场地的地基条件也考虑不周,孤立地设计基础,建成使用后出现一些问题。所以,认真总结经验、正确选择基础形式用以指导工程设计是十分必要的。

基础工程造价占整个建筑物造价的比重相当大,遇到地基条件较差、处理地基需投入较多资金时,则基础造价更高。合理的基础选型,既能达到技术上先进,也能达到经济上合理。

基础设计中,一般遵循选择先后的顺序为:无筋扩展基础→扩展基础→条形基础→交叉条形基础→筏形基础→箱形基础。选择过程中尽量做到经济、合理、安全,如表 4－1 所示。

表4-1 浅基础的类型选择

结构类型	岩土条件及荷载条件	适用基础类型
多层砖混结构	地基土质均匀，承载力高，无软弱下卧层，地下水位以上，荷载不大(5层以下建筑)	无筋扩展基础
	地基土质均匀性差，承载力低，有软弱下卧层，基础需浅埋	墙下钢筋混凝土条形基础或墙下钢筋混凝土交叉条形基础
	地基土质均匀性差，承载力低，荷载较大，采用条形基础基底面积超过建筑物投影面积的50%	墙下筏形基础
框架结构（无地下室）	地基土质均匀，承载力高，荷载相对较小，柱网分布均匀	柱下钢筋混凝土独立基础
	地基土质均匀性差，承载力低，荷载较大，采用独立基础不能满足需求	柱下钢筋混凝土条形基础或柱下钢筋混凝土交叉条形基础
	地基土质均匀性差，承载力低，荷载较大，采用条形基础基底面积超过建筑物投影面积的50%	柱下筏形基础
剪力墙结构（10层以上住宅）	地基土层较好，荷载分布均匀	墙下钢筋混凝土条形基础
	上述条件不满足	墙下筏形基础或箱形基础
高层框架、剪力墙结构（有地下室）	可采用天然地基时	筏形基础或箱形基础

4.4 深基础

深基础是埋深较大，以下部坚实土层或岩层作为持力层的基础，其作用是把所承受的荷载相对集中地传递到地基的深层，而不像浅基础那样，通过基础底面把所承受的荷载扩散分布于地基的浅层。因此，当建筑场地的浅层土质不能满足建筑物对地基承载力和变形的要求，而又不适宜采用地基处理措施时，就要考虑采用深基础方案了。

相对于浅基础，深基础埋入地层较深，结构形式和施工方法较浅基础复杂，在设计计算时需考虑基础侧面土体的影响。

按基础埋深来讲，工程中一般将埋置深度大于5m或大于基础宽度的基础，称为深基础，如桩基、地下连续墙、沉井基础和沉箱基础等。

4.4.1 桩基础

当浅层地基上不能满足建筑物对地基承载力和变形的要求，而又不适宜采取地基处理措施时，就要考虑以下部坚实土层或岩层作为持力层的深基础。桩基应用最为广泛。桩基础指用各种材料做成的方形、圆形或其他形状的细而长的且埋在地下的桩。桩基础通常由桩和桩顶上承台两部分组成,并通过承台将上部较大的荷载传至深层较为坚硬的地基中去,桩基的作用是将荷载通过桩传给埋藏较深的坚硬土层,或通过桩周围的摩擦力传给地基,多用于高层建筑。

按桩的受力情况,桩分为摩擦桩和端承桩两类(见图4-7)。当桩沉入软弱土层一定深度,通过桩侧土的摩擦作用,将上部荷载传递扩散于桩周围土中,桩端土也起一定的支承作用,桩尖支承的土不甚密实,桩相对于土有一定的相对位移时,即为摩擦桩。当桩穿过软弱土层并将建筑物的荷载通过桩传递到桩端坚硬土层或岩层上,即为端承桩。桩侧较软弱土对桩身的摩擦作用很小,其摩擦力可忽略不计。

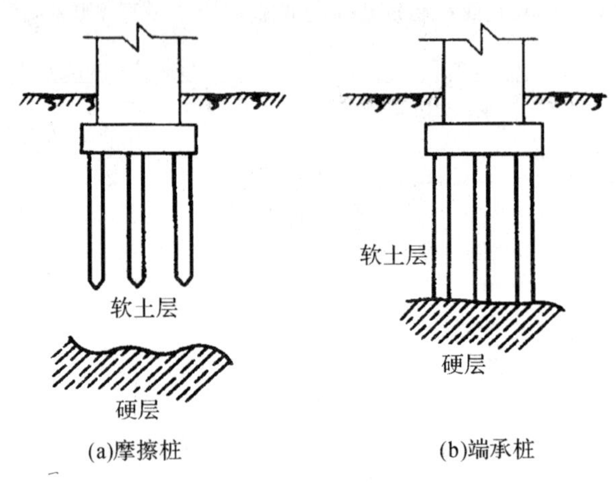

图4-7 桩基础

按施工方法,桩分为预制桩和灌注桩两类。预制桩是在工厂或施工现场制成的各种材料和形式的桩,而后用沉桩设备将桩打入、压入、旋入或振入(有时还兼用高压水冲)土中。灌注桩是在施工现场的桩位上用机械或人工成孔,然后在孔内灌注混凝土或钢筋混凝土而成,与预制桩相比,可节省钢材。

4.4.2 地下连续墙

地下连续墙是利用专门的成槽机械在地下成槽,在槽中安放钢筋笼(网)后以导管法浇灌水下混凝土,形成一个单元墙段,再将依次完成的墙段以特定的方式连接,组成一道完整的现浇地下连续墙体。地下连续墙具有挡土、防渗兼作主体承重结构等多种功能;能在沉井作业、板桩支护等难以实施的环境中进行无噪音、无振动施工;能通过各种地层进入基岩,深度可达50m以上而不必采取降低地下水的措施,因此可在密集建筑群中施工。尤其是用于二层以上地下室的建筑物,可配合“逆筑法”施工而更显出其独特的作用。

4.4.3 沉井基础

沉井基础是以沉井作为基础结构,将上部荷载传至地基的一种深基础。沉井是一个无底无盖的井筒,一般由刃脚、井壁、隔墙等部分组成。在沉井内挖土使其下沉,达到设计标高后,进行混凝土封底、填心、修建顶盖,构成沉井基础。

沉井基础的特点是埋深较大,整体性好,稳定性好,具有较大的承载面积,能承受较大的垂直和水平荷载。此外,沉井既是基础,又是施工时的挡土和挡水围堰结构物,其施工工艺简便，技术稳妥可靠，不需要特殊专业设备，并可做成补偿性基础，避免过大沉降，在深基础或地下结构中应用较为广泛，如桥梁墩台基础、地下泵房、水池、油库、矿用竖井以及大型设备基础、高层和超高层建筑物基础等。但沉井基础施工工期较长，在井内对粉砂、细砂类土抽水时易发生流砂现象，造成沉井倾斜；沉井下沉过程中遇到的大孤石、树干或井底岩层表面倾斜过大，也将给施工带来一定的困难。

4.4.4　沉箱基础

沉箱基础又称为气压沉箱基础，它是以气压沉箱来修筑的桥梁墩台或其他构筑物的基础。气压沉箱是一种无底的箱形结构，因为需要输入压缩空气来提供工作条件，故称为气压沉箱或简称沉箱。

4.5　地基处理

基础是建筑物和地基之间的连接体。基础把建筑物竖向体系传来的荷载传给地基。从平面上可见，竖向结构体系将荷载集中于点，或分布成线形，但作为最终支承机构的地基，为建筑提供的是一种分布的承载能力。

如果地基承载力不足，就可以判定为软弱地基，就必须采取措施对软弱地基进行处理。

当天然地基不能满足建设要求时，就必须采取一定的措施。常用的措施有：重新考虑基础设计方案，选择合适的基础类型；调整上部结构设计方案；对地基进行处理加固。一般而言，地基问题可归结为以下几个方面：

(1)承载力及稳定性

地基承载力较低，不能承担上部结构的自重及外荷载，导致地基失稳，出现局部或整体剪切破坏，或冲剪破坏。

(2)沉降变形

高压缩性地基可能导致建筑物发生过大的沉降量，使其失去使用效能；地基不均匀或荷载不均匀将导致地基沉降不均匀，使建筑物倾斜、开裂、局部破坏，失去使用效能甚至整体破坏。

(3)动荷载下的地基液化、失稳和震陷

饱和无黏性土地基具有振动液化的特性。在地震、机器振动、爆炸冲击、波浪作用等动荷载作用下，地基可能因液化、震陷导致地基初始破坏；软黏土在振动作用下，产生震陷。

(4)渗透破坏

土具有渗透性，当地基中出现渗流时，将可能导致流土(流砂)和管涌(潜蚀)现象，严重时能使地基失稳、崩溃。

存在上述问题的地基，称为不良地基或软弱地基。合适的地基处理方法能够使这些问题得到解决。

地基处理就是按照上部结构对地基的要求，对地基进行必要的加固或改良，提高地基土的承载力，保证地基稳定，减少房屋的沉降或不均匀沉降，消除湿陷性黄土的湿陷性，提高抗液化能力等。

4.5.1 地基处理的对象

我国的地域广阔，环境差异很大，地质条件更为复杂，表现为多种不良地质现象，如滑坡、崩塌、泥石流、岩溶和土洞等，给建筑物造成了直接或潜在的威胁。为保证建筑物的安全和正常使用，应根据其工程特点和要求，因地制宜，综合治理。

此外，我国位于世界两大地震带——环太平洋地震带与欧亚地震带的交汇部位，构造复杂，地震活动频繁。地震中地基的稳定性和变形以及抗震、防震措施是地震区地基基础设计必须考虑的主要问题。

由于地基土的类型多种多样，其中存在许多不良地基或软弱地基，常见的有如下几类。

(1)软黏土

软黏土也称软土，是软弱黏性土的简称。它形成于第四纪，属于海相、泻湖相、河谷相、湖沼相、溺谷相、三角洲相等的黏性沉积物或河流冲积物。多分布于沿海、河流中下游或湖泊附近地区。如上海、广州等地为三角洲相沉积；温州、宁波地区为滨海相沉积；闽江口平原为溺谷相沉积等，也有的软黏土属新近沉积物。

(2)杂填土

杂填土主要出现在一些老的居民区和工矿区内，是人们的生活和生产活动所遗留或堆放的垃圾土。这些垃圾土一般分为三类：即建筑垃圾土、生活垃圾土和工业生产垃圾土。不同类型的垃圾土、不同时间堆放的垃圾土很难用统一的强度指标、压缩指标、渗透性指标加以描述。

杂填土的主要特点是无规划堆积、成分复杂、性质各异、厚薄不均、规律性差。因而同一场地表现为压缩性和强度的明显差异，极易造成不均匀沉降，通常都需要进行地基处理。

(3)冲填土

冲填土是人为用水力冲填方式而沉积的土，近年来多用于沿海滩涂开发及河漫滩地。西北地区常见的水坠坝(也称冲填坝)即是冲填土堆筑的坝。冲填土形成的地基可视为天然地基的一种，它的工程性质主要取决于冲填土的性质。

(4)饱和松散砂土

粉砂或细砂地基在静荷载作用下常具有较高的强度。但是当振动荷载(地震、机械振动等)作用时，饱和松散砂土地基则有可能产生液化或大量震陷变形，甚至丧失承载力。这是因为土颗粒排列松散并在外部动力作用下使颗粒的位置产生错位，以达到新的平衡，瞬间产生较高的超静孔隙水压力，有效应力迅速降低。对这种地基进行处理的目的就是使它变得较为密实，消除在动荷载作用下产生液化的可能性。常用的处理方法有挤出法、振冲法等。

(5)湿陷性黄土

在上覆土层自重应力作用下，或者在自重应力和附加应力共同作用下，因浸水后土的结构破坏而发生显著附加变形的土称为湿陷性土，属于特殊土。有些杂填土也具有湿陷性。广泛分布于我国东北、西北、华中和华东部分地区的黄土多具湿陷性。(这里所说的黄土泛指黄土和黄土状土。湿陷性黄土又分为自重湿陷性和非自重湿陷性黄土，也有的老黄土不具湿陷性)。在湿陷性黄土地基上进行工程建设时，必须考虑因地基湿陷引起的附加沉降对工程可能造成的危害，选择适宜的地基处理方法，避免或消除地基的湿陷或因少量湿陷所造成的危害。

4.5.2　地基处理的方法

近年来,大量的土木工程实践推动了软弱地基处理技术的迅速发展,地基处理的途径越来越多。《建筑地基处理技术规范》(JGJ 79—2012)就给出了 13 种地基处理方法。所以,在考虑地基处理的设计与施工时,必须注意坚持因地制宜的原则,不可盲目施工。下面介绍几种施工中常用的地基处理方法。

(1)换土垫层法

当建筑物基础下的持力层比较软弱,不能满足上部荷载对地基的要求时,常采用换土垫层法来处理软弱地基。换土垫层法是先将基础底面以下一定范围内的软弱土层挖去,然后回填强度较高、压缩性较低,并且没有侵蚀性的材料,如中粗砂、碎石或卵石、灰土、素土、石屑、矿渣等,再分层夯实后作为地基的持力层。换土垫层按其回填的材料可分为灰土垫层、砂垫层、碎(砂)石垫层等。

(2)夯实地基法

1)重锤夯实法

重锤夯实是用起重机械将夯锤提升到一定高度后,利用自由下落时的冲击能,重复夯打击实基土表面,使其形成一层比较密实的硬壳层,从而使地基得到加固。这种方法适用于处理高于地下水位 0.8m 以上稍湿的黏性土、砂土、湿陷性黄土、杂填土和分层填土地基的加固处理。

2)强夯法

强夯法是用起重机械将重锤(一般 8～30t)吊起从高处(一般 6～30m)自由落下,对地基反复进行强力夯实的地基处理方法。这种方法适用于处理碎石土、砂土、低饱和度的黏性土、粉土、湿陷性黄土及填土地基等的深层加固。

强夯所产生的振动和噪声很大,对周围建筑物和其他设施有影响,在城市中心不宜采用,必要时应采取挖防震沟(沟深要超过建筑物基础深)等防震、隔震措施。

(3)挤密桩施工法

1)灰土挤密桩

灰土挤密桩是利用锤击将钢管打入土中,侧向挤密土体形成桩孔,将管拔出后,在桩孔中分层回填 2∶8 或 3∶7 灰土并夯实而成,与桩间土共同组成复合地基,以承受上部荷载。这种方法适用于处理地下水位以上、天然含水量 12%～25%、厚度 5～15m 的素填土、杂填土、湿陷性黄土以及含水率较大的软弱地基等。

2)砂石桩

砂桩和砂石桩统称砂石桩,是指用振动、冲击或水冲等方式在软弱地基中成孔后,再将砂或砂卵石(或砾石、碎石)挤压入土孔中,形成大直径的由砂或砂卵(碎)石所构成的密实桩体。这种方法适用于挤密松散砂土、素填土和杂填土等地基,起到挤密周围土层、增加地基承载力的作用。

3)水泥粉煤灰碎石桩

水泥粉煤灰碎石桩是近年发展起来的处理软弱地基的一种新方法。它是在碎石桩的基础上掺入适量石屑、粉煤灰和少量水泥,加水拌和后制成的具有一定强度的桩体。

(4)深层密实法

1)振冲法

振冲法,又称振动水冲法,是以起重机吊起振冲器,启动潜水电机带动偏心块,使振冲器产生高频振动,同时开动水泵,通过喷嘴喷射高压水流成孔,然后分批填以砂石骨料,借振冲器的水平及垂直振动,振密填料,形成的砂石桩体与原地基构成复合地基,从而提高地基的承载力,减少地基的沉降和沉降差的一种快速、经济有效的加固方法。振冲桩适用于加固松散的砂土地基。

2)深层搅拌法

深层搅拌法是利用水泥浆做固化剂,采用深层搅拌机在地基深部就地将软土和固化剂充分拌和,利用固化剂和软土发生一系列物理、化学反应,使之凝结成具有整体性、较好水稳性和较高强度的水泥加固体,与天然地基形成复合地基。深层搅拌法适用于加固较深、较厚的淤泥、淤泥质土、粉土、承载力不大于0.12MPa的饱和黏土和软黏土以及沼泽地带的泥炭土等地基。

(5)加筋法

1)土工合成材料

土工合成材料是一种新型的岩土工程材料。它以人工合成的聚合物如塑料、化纤、合成橡胶等为原料,制成各种类型的产品,置于土体内部、表面或各层土体之间,发挥加强或保护土体的作用。土工合成材料可分为土工织物、土工膜、特种土工合成材料和复合型土工合成材料等类型。

2)土钉墙技术

土钉一般是通过钻孔、插筋、注浆来设置,但也可以通过直接打入较粗的钢筋和型钢、钢管形成土钉。土钉沿通常与周围土体接触,依靠接触界面上的黏结摩阻力,与其周围土体形成复合土体,土钉在土体发生变形的条件下被动受力。并主要通过其受剪工作对土体进行加固,土钉一般与平面形成一定的角度,故称之为斜向加固体。土钉适用于地下水位以上或经降水后的人工填土、黏性土、弱胶结砂土的基坑支护和边坡加固。

3)加筋土

加筋土是将抗拉能力很强的拉筋埋置于土层中,利用土颗粒位移与拉筋产生的摩擦力使土与加筋材料形成整体,减少整体变形,增强整体稳定。拉筋是一种水平向增强体。一般使用抗拉能力强、摩擦系数大而耐腐蚀的条带状、网状、丝状材料,例如镀锌钢片、铝合金、合成材料等。

4.5.3 地基特殊问题的处理

地基特殊问题指墓穴、枯井、流砂、橡皮土等的存在,不仅增加了施工的难度,而且极易引起建筑物的不均匀沉降,造成上部结构的开裂或倾斜,甚至倒塌。因此我们应采取必要的措施对这些地基的特殊问题进行加固和改良,提高地基的承载力,保证地基的稳定性,满足上部结构对地基的需求。

(1)地基中遇有墓穴的处理

在基础施工中,若遇有墓穴,应全部挖出,并沿墓穴四周多挖300mm,然后夯实并回填3∶7灰土,遇潮湿土壤应回填级配砂石。最后按正规基础做法施工。

(2)基槽中遇有枯井的处理

在基槽转角部位遇有枯井,可以采用挑梁法,即两个方向的横梁越过井口,上部可继续作基础墙,井内可以回填级配砂石。

(3)基槽中遇有沉降缝的处理

新旧基础连接并遇有沉降缝时,应在新基础上加做挑梁,使墙体靠近旧基础,通过挑梁解决不均匀下沉的问题。

(4)基槽中遇有橡皮土的处理

当基槽中的土层含水量过多,饱和度达到0.8以上时,土壤中的孔隙几乎全充满水,出现软弹现象,这种土层叫橡皮土。遇有这种土层,应避免直接在土层上夯打。处理方法应先晾槽,也可以掺入石灰末来降低含水量。或用碎石或卵石压入土中,将土层挤实。

(5)相邻基础埋深不一的处理

标高相差很小的情况下,基础可做成斜坡处理。如倾斜度较大时,应设踏步形基础,踏步高应不大于500mm,踏步长度应大于或等于踏步高的2倍。

复习思考题

1. 常用的工程地质勘探方法有哪些?
2. 地基与基础的区别是什么?
3. 刚性基础和柔性基础的特点各是什么?
4. 浅基础都有什么类型?它们适用于哪些结构?
5. 工程中常见的不良地基有哪些?
6. 请列举出至少三种加固地基的方法。

第5章 道路工程

学习目标

本章通过介绍道路工程的基本知识,使学生了解我国道路工程的发展现状与规划情况,掌握公路与城市道路的分类,熟悉道路的线形组成、道路的构成以及施工建设过程中的要求。

5.1 概 述

交通运输是国民经济的基础产业,是社会扩大再生产和商品经济发展的先决条件,对国家的强盛、经济的发展、文化的交流、生活方式的改变和生活水平的提高都起着重要的作用,成为社会生存和发展的基础。

交通运输体系是由各种运输方式组成的一个综合体系,由道路交通运输、铁路运输、水上运输、航空运输、管道运输五部分组成。铁路运输是一种以铁轨引导列车运行的运输方式,其运输速度高,运载能力大,运输成本较低,在我国经济建设中起着很重要的作用。但铁路的固定设施费用高,基础投资大,在运输过程中进行编组、解体、中转和调度,使得运输时间较长。水上运输是利用船舶或其他浮运工具在江河湖泊、人工水道、海洋上运送客货的运输方式,其运输方便、投资较少、运量大、运距长、成本低,是国际贸易货物往来的主要运输方式,但受水道限制,运输的连续性差,运速较慢。航空运输与其他运输方式比较,具有速度快、灵活性大、运输里程短、舒适性好等优点,但机舱的容积和载量小、运输成本高、燃油消耗大、受气候条件限制较大。管道运输是利用封闭的管道及重力或气压动力连续输送特定货物的运输方式,这种运输方式运量大、运距短、占地少、受气候影响较小、劳动生产率高、运费低、但运输方式的灵活性差,运输货物比较单一,只适用于单向、定点、量大的货物运输。从广义上说,道路交通运输是指货物和旅客借助一定的运输工具(如机动车和非机动车),沿道路某个方向有目的的移动过程。从狭义上说,是指汽车在道路上有目的的移动过程。由于利用道路系统运输货物、旅客具有很大的便利性,其所承担的旅客运输量和旅客周转量比重呈现持续增长的趋势,成为交通运输系统的主要承担者之一。

在各种运输方式中,道路交通运输是综合交通运输系统的重要组成部分。道路运输在综合运输体系中占有极其重要的位置，可以实行门对门的直达运输，也可以与其他运输方式配合起到客货集散、运输衔接等作用。其主要特点有：

(1)适应性强。道路网分布宽，密度大，能深入工矿和农村，中间环节少。

(2)机动性好。汽车运输可以随时调动、起运，对客货量的大小没有要求。

(3)速度快。在高等级道路上的运行比铁路运输更快，减少货物积压、加快资金周转对高档货物及鲜货的紧急运输具有重要意义。

(4)运输费用高。与铁路和水运运输相比较，道路运输的费用较高，特别是在低等级道路上，运输车的车速低，相应的运输成本就较高。

(5)污染大。在行驶中，汽车发动机的废气含有有害成分，特别在汽车密度较大的地区造成一定的环境污染。

道路交通运输系统主要由五个基本部分组成：运载工具、道路、枢纽及站场、交通控制和管理、设施管理。

(1)运载工具。运载工具主要指汽车、摩托车、自行车等用以装载所运送的旅客和货物。

(2)道路。道路是地面运输的通道，供运载工具从一个目的地行驶到另一个目的地。

(3)枢纽及站场。枢纽及站场包括汽车站、堆场、物流中心等，用作运输的起点、中转点和终点，供旅客从运载工具上下和装卸货物。

(4)交通控制和管理。为保证运载工具在道路和站场上的安全有序、有效率的运行，设置各种监视、控制和管理设施，如各种信号、标志、通信、诱导和规则等。

(5)设施管理。为保证各项道路设施处于良好的使用或服务状况，进行设施监测和维护管理。道路是道路交通运输系统中最重要的基础设施，是道路交通系统得以运转的基本条件。

5.1.1　我国道路发展的现状与规划

(1)我国道路工程的发展现状

我国道路运输的发展先于其他国家。道路的名称源于周朝，秦朝以后称为驿道，元朝称为大道，清朝则把京城至各省会的道路称为官路，把各省会间的道路称为大路，把市区街道称为马路，20世纪初，汽车出现后称为公路或汽车路。道路的英文名称“highway”则是源于罗马大道。

新中国成立后，我国大力发展公路交通事业。1949—1957年，我国完成了重要公路干线的修建，其中包括青藏、康藏、青新、川黔、昆洛等干线，全国公路里程达30×10^4km。1958—1965年，全国公路增长最快，总里程达52×10^4km。1975年，公路里程发展至78×10^4km，同时，我国石油工业崛起，全国修建了10×10^4km的渣油和沥青路面，加速了褐色路面的发展。1975—1985年，公路里程发展至85×10^4km，同时公路等级和质量也大有提高，一、二级公路21 194km。

1978年以后，国家把交通作为国民经济发展的战略重点之一，为公路交通事业的快速发展提供了机遇。采取统筹规划、条块结合、分层负责、联合建设的工作方针，扩大国家投资、地方筹资、社会融资、引进外资等各种筹资渠道，使得我国公路建设飞速发展。到2008年年底，全国包括达到技术标准等级和路基宽度在4.5m以上的等外路在内的国道、省道、县道、乡道(不含村道)、专用公路总里程达到 368×10^4 km,覆盖我国 90%的城镇。

同时,我国经济的腾飞促进了高速公路的发展。1989 年,我国高速公路通车里程仅为 271km,1999 年突破 1×10^4 km,2008 年超过 6×10^4 km,居世界第二。截至 2010 年年底,公路通车里程达到 398.4×10^4 km,其中高速公路里程达 7.4×10^4 km。

我国用了短短十几年的时间走完了发达国家高速公路建设三四十年的发展历程。其中高速公路通车里程中约有 1/4 的里程为山区高速公路,代表山区高速公路管理水平、设计水平、建设水平及成套技术等已经跨入了世界先进行列。

(2)我国道路工程的发展规划

20 世纪 90 年代,为适应社会经济发展,满足交通发展需求,合理使用建设资金,有计划、有步骤地建设我国公路网络体系,交通部于 1991 年规划了"五纵七横"国道主干线系统,总长约 3.5×10^4 km,拟用 30 年左右的时间建成,将全国主要城市、工业中心交通枢纽和主要陆上口岸连接起来,逐步形成一个与国民经济发展格局相适应、与其运输方式相协调、主要由高速公路和一级公路组成的安全、快速、高效的国道主干线系统。这个规划的制定,拉开了我国高速公路规模化建设的序幕,以后十几年的高速公路建设基本围绕着这个规划进行,到 2004 年年底,高速公路通车里程达 3.4×10^4 km,2008 年年底达到 6×10^4 km,2010 年年底达到 7.4×10^4 km。如今这一规划已经大部分实现了。同时,我国高速公路建设在组织管理、设计技术、施工水平以及新技术、新材料应用等诸多方面都取得了辉煌成就,积累了丰富的建设经验。

2004 年 12 月 17 日,《国家高速公路网规划》经国务院审议通过,标志着中国高速公路建设发展进入了一个新的历史时期。国家高速公路网是中国公路网中最高层次的公路通道,服务于国家政治稳定、经济发展、社会进步和国防现代化,体现国家强国富民、安全稳定、科学发展,建立综合运输体系以及加快公路交通现代化的要求;主要连接大中城市,包括国家和区域性经济中心、交通枢纽、重要对外口岸;承担区域间、省际以及大中城市间的快速客货运输,提供高效、便捷、安全、舒适、可持续的服务,为应对自然灾害等突发性事件提供快速交通保障。

国家高速公路网规划采用放射线与纵横网格相结合的布局方案,形成由中心城市向外放射以及横连东西、纵贯南北的大通道,由 7 条首都放射线、9 条南北纵向线和 18 条东西横向线组成,简称为"7918 网",总规模约 8.5×10^4 km,其中:主线 6.8×10^4 km,地区环线、联络线等其他路线约 1.7×10^4 km。具体是:

首都放射线 7 条:北京—上海、北京—台北、北京—港澳、北京—昆明、北京—拉萨、北京—乌鲁木齐、北京—哈尔滨。

南北纵向线 9 条:鹤岗—大连、沈阳—海口、长春—深圳、济南—广州、大庆—广州、二连浩特—广州、包头—茂名、兰州—海口、重庆—昆明。

东西横向线 18 条:绥芬河—满洲里、珲春—乌兰浩特、丹东—锡林浩特、荣成—乌海、青岛—银川、青岛—兰州、连云港—霍尔果斯、南京—洛阳、上海—西安、上海—成都、上海—重庆、杭州—瑞丽、上海—昆明、福州—银川、泉州—南宁、厦门—成都、汕头—昆明、广州—昆明。

此外,规划方案还有辽中环线、成渝环线、海南环线、珠三角环线、杭州湾环线共 5 条地区性环线、2 段并行线和 30 余段联络线。

我国公路交通建设虽然取得了重大成就，但还不能适应国民经济快速发展的需要，与发达国家比尚有差距。主要表现在以下几方面：

1)公路里程少、路网密度较低。公路的普遍性和通达性不足，一些地区交通不便，经济发展受到影响。

2)大部分公路技术状况较差。虽然近年来修建了不少高速公路和一级路，但全国四级公路和等外公路比重仍然比较大，较差的路况使得公路网的通行能力较低，行车速度慢、运营费用高、服务水平低。

3)汽车性能差、组成不合理。车辆在可靠性、燃料经济性、动力性能、稳定性、耐久性、舒适性等方面都较差。同时货车的组成比例不合理，中型货车比例过高，柴油车比例过低，这种状况影响了公路设施的利用效率及运输的成本和效益。

4)一般公路上混合交通严重，车速慢、事故多，机动车、非机动车和其他车辆在一般公路上混合行驶，相互干扰，严重影响行车速度和通行能力。

5)技术水平、管理水平和服务水平有待进一步提高。我国修建高等级公路的经验有限，在设施的修建和管理以及交通的运行和管理方面，存在着经验和技术水平不能适应的问题。

5.1.2　道路工程的内容

道路是一种带状的三维空间人工构造物，它常常和桥梁、涵洞、隧道等构成统一的工程实体。道路通常是指为陆地交通运输服务，通行各种机动车、人畜力车、驼骑牲畜及行人的各种路的统称。道路工程是土木工程的一个分支，探讨的内容是为道路交通运输系统提供快速、安全、舒适、经济的道路设施。道路工程包括对道路的规划、设计、施工、养护和运营管理等方面的内容。

(1)规划方面

通过对道路现状的调查和评价及对未来运输需求的预测，分析现有道路网和道路设施存在的问题和不足，制定合理的发展或改善目标，提出相应的对策和实施计划。因此，道路规划的内容包括：

1)调查现有的道路网和道路设施的状况，采集该地区的经济和社会数据，对现有的道路网和道路设施的适应程度进行评价。

2)对所在地区的经济和社会发展进行预测分析，结合道路网和道路设施未来的运输和交通需求，对适应能力进行评价。

3)制定道路网和道路设施适应未来交通发展或改善目标，提出相关的规划方案。

4)对各规划方案进行道路网和道路设施的使用性能分析，对优选方案制订实施计划。

(2)设计方面

1)路线设计：道路路线设计即为几何设计，主要是按照设计速度、交通量和服务水平要求以及驾驶特点和车辆运行特性设计出安全、舒适、经济的道路。主要内容包括：根据道路的功能和技术等级要求，通过对当地政治、经济、地质、地形、水文和气象的调查，选择路线的走向、控制点、大桥桥位和隧道位置；结合沿线地形、地质和水文条件，按照技术标准，在规定的控制点之间选定路线的布局，确定路线平面、纵断面和横断面的各项几何要素，进行道路平面和立体交叉设计等。

2)路基设计:对路基的设计要求为整体稳定性好,永久变形小。设计内容主要包括:依据路线设计确定路基填挖高度和顶面宽度,结合沿线岩质、土质和水文条件等情况设计路基的横断面形状和边坡坡度;根据当地气候、地质和水文等状况,分析路基的整体稳定性,稳定性不足时,设计支挡结构物;对于位于软弱地基上的路基,进行路堤稳定性和沉降分析,需要时选择合适的地基加固处理措施;对于可能出现的路基坡面不良现象,如剥落、碎落或易受冲刷等现象,选用合适的坡面防护措施。

3)路面设计:对路面的基本设计要求是要有足够的承载能力,平整、抗滑和低噪声,以最低寿命周期费用提供在设计使用期内满足使用性能要求的路面结构。主要内容包括:依据设计年限、使用要求、当地的自然环境、路基支承条件和材料供应情况,提出路面结构类型和层次;根据对所选材料的性状要求和当地环境,进行各结构层的混合料组成设计;应用力学模型和相应的计算理论和方法,确定满足轴线作用、环境条件和设计年限要求的各结构层的厚度;综合考虑经济、施工、养护和使用等方面的因素,对各方案进行全寿命周期分析,选择最佳设计方案。

4)排水设计:排水设计的主要任务是迅速排除道路界内的地表水,将道路上侧方的地表水和地下水排泄到道路的下侧方,防止道路路基和路面结构遭受地表水和地下水的侵蚀、冲刷等破坏。设计内容为:按照地表水和地下水的流向和流量及其对道路的危害程度,设置各种拦截、汇集、疏导、排泄地表水和地下水的排水设施,如沟渠、管道、渗沟、排水层等。

(3)施工方面

施工是实现设计意图、修筑符合质量指标、满足预定功能要求的道路工程的过程,主要内容包括:

1)开工前进行组织、技术、物资和现场方面的准备工作,包括落实施工队伍、会审和现场核对设计图样、恢复定线、进行施工测量、编制施工组织设计和工程预算、准备材料和机具设备、准备供水供电和运输便道等。

2)路基土石方作业(开挖、运输、填筑、压实和修整),进行地基加固处理,修筑排水构造物、支挡结构物、坡面防护等。

3)铺筑垫层、底基层、基层和面层(混合料的拌和、运输、摊铺、碾压、修整和养护等)。

4)按施工规程和进度要求进行施工管理,并对施工质量进行控制、监督、检查和验收。

(4)养护和运营管理方面

道路设施在使用过程中受行车荷载和自然因素的不断作用,会逐渐出现损坏的现象。为保持道路设施的使用性能经常处于符合使用要求的状态,须对道路设施的使用状况进行定期的观测和评价,为制订养护计划提供依据。对于可能或已经出现损坏或不满足使用要求的道路设施,按养护计划和养护规范进行维护、修复或改建,以延缓设施损坏的速率,恢复或提高其使用性能。

5.2 道路的分类

道路的主要功能是为各种车辆和行人服务,由于其所处位置、交通性质及使用特点的不同,可以分为公路、城市道路、厂矿道路及林业道路。公路是连接城镇和工矿基地、港口及集散地,主要供汽车行驶,具备一定的技术和设施的道路。在城市区域内主要为当地居民生产、工作和生活等活动服务的道路,称为城市道路。在大型工厂、矿山、站场等企业场地范围内,为内部生产流程的运输需求服务的道路,称为厂矿道路。在林区为木材开采、加工运输服务的道路称为林区道路。由于运输对象的差异,不同类型的道路对运载工具和道路的性能技术要求也不同,道路的行政管理分别隶属于不同的管理部门,各种类型的道路制定了相应的技术标准、规范、指南和须知等,本章的主要论述对象为公路和城市道路。

5.2.1 公路的分类

根据公路的作用及使用性质,可划分为:国家干线公路(国道)、省级干线公路(省道)、县级干线公路(县道)、乡级公路(乡道)以及专用公路。为了满足经济发展、规划交通量、路网建设和功能等的要求,公路必须分等级建设,交通部2015年颁布实施的《公路工程技术标准》(JTGB 01—2014)将公路根据功能和适应的交通量分为五个等级:高速公路、一级公路、二级公路、三级公路、四级公路。

公路的技术标准是指在一定自然环境条件下能保持车辆正常行驶性能所采用的技术指标体系。公路的技术标准反映了我国公路建设的技术方针,是法定的技术要求,公路设计时都应该遵守。各级公路的具体标准是由各项技术指标体现的(见表5-1)。

表5-1 各级公路的主要技术指标汇总

<table>
<tr><th colspan="2">公路等级</th><th colspan="3">高速公路</th><th colspan="3">一级公路</th><th colspan="2">二级公路</th><th colspan="2">三级公路</th><th>四级公路</th></tr>
<tr><td colspan="2">设计速度/(km/h)</td><td>120</td><td>100</td><td>80</td><td>100</td><td>80</td><td>60</td><td>80</td><td>60</td><td>40</td><td>60</td><td>20</td></tr>
<tr><td colspan="2">车道数/条</td><td>4、6、8</td><td>4、6、8</td><td>4、6</td><td>4、6、8</td><td>4、6</td><td>4</td><td>2</td><td>2</td><td>2</td><td>2</td><td>1、2</td></tr>
<tr><td colspan="2" rowspan="3">路基宽度/m
(一般值)</td><td>28.0</td><td>26.0</td><td>24.5</td><td>26.0</td><td>24.5</td><td rowspan="3">23.0</td><td rowspan="3">12.0</td><td rowspan="3">10.0</td><td rowspan="3">8.5</td><td rowspan="3">7.5</td><td rowspan="2">4.5</td></tr>
<tr><td>34.5</td><td>33.5</td><td></td><td>33.5</td><td></td></tr>
<tr><td>45.0</td><td>44.0</td><td>32.0</td><td>44.0</td><td>32.0</td><td>6.5</td></tr>
<tr><td colspan="2">停车视距</td><td>210</td><td>160</td><td>110</td><td>160</td><td>110</td><td>75</td><td>110</td><td>75</td><td>40</td><td>30</td><td>20</td></tr>
<tr><td rowspan="2">圆曲线半径/m</td><td>一般值</td><td>1000</td><td>700</td><td>400</td><td>700</td><td>400</td><td>200</td><td>400</td><td>200</td><td>100</td><td>65</td><td>30</td></tr>
<tr><td>最小值</td><td>650</td><td>400</td><td>250</td><td>400</td><td>250</td><td>125</td><td>250</td><td>125</td><td>60</td><td>30</td><td>15</td></tr>
<tr><td colspan="2">最大纵坡/%</td><td>3</td><td>4</td><td>5</td><td>4</td><td>5</td><td>6</td><td>5</td><td>6</td><td>7</td><td>8</td><td>9</td></tr>
</table>

各级公路的技术指标是根据路线在公路网中的功能、规划交通量和交通组成、设计速度等因素确定的,其中设计速度是技术标准中最重要的指标,它对公路的几何形状、工程费用和运输效率影响最大,在考虑路线的使用功能和规划交通量的基础上,根据国家的技术政策制定设计速度。路线在公路网中具有重要的经济、国防意义,交通量较大者,技术政策规定采用较高的设计速度,反之规定较低的设计速度。某些公路尽管交通量不是很大,但其具有重要的政治、经济、国防意义,比如通向机场、经济开发区、重点游览区或具有军事用

途的公路，可以采用较高的设计速度。

(1)高速公路

高速公路为专供汽车分向、分车道行驶并全部控制出入的多车道公路。将各种汽车折合成小客车，四车道高速公路应能适应的年平均日交通量为25 000～55 000辆，六车道高速公路应能适应的年平均日交通量为45 000～80 000辆，八车道高速公路应能适应的年平均日交通量为60 000～100 000辆。

(2)一级公路

一级公路为供汽车分向、分车道行驶，并可根据需要控制出入的多车道公路。将各种汽车折合成小客车，四车道一级公路应能适应的年平均日交通量为15 000～30 000辆，六车道高速公路应能适应的年平均日交通量为25 000～55 000辆。

(3)二级公路

二级公路为供汽车行驶的双车道公路。将各种汽车折合成小客车，双车道二级公路应能适应的年平均日交通量为5 000～15 000辆。

(4)三级公路

三级公路为主要供汽车行驶的双车道公路。将各种车辆折合成小客车，双车道三级公路应能适应的年平均日交通量为2 000～6 000辆。

(5)四级公路

四级公路为供各种汽车行驶的双车道或单车道公路。将各种车辆折合成小客车，双车道四级公路应能适应的年平均日交通量为2 000辆以下，单车道四级公路应能适应的年平均日交通量为400辆以下。

5.2.2 城市道路的分类

按照道路在城市道路网中的地位、交通功能以及对沿线建筑物的服务功能，将城市道路分为以下四类。

(1)快速路

快速路为城市中长距离快速交通服务。快速路上的机动车道两侧不应设置非机动车道。快速路对向行车道之间应设置中间分隔带，其进出口应采用全控制或部分控制。快速路沿线两侧不能设置吸引大量车流、人流的公共建筑物的进出口。对一般建筑物的进出口应加以控制，当进出口较多时应在两侧设置辅道。

(2)主干路

主干路为连接城市各主要城区的干线道路，以交通功能为主。非机动车交通量大时应设置分隔带与机动车分离行驶，两交叉口之间分隔机动车与非机动车的分隔带宜连续。栈道两侧不应设置吸引大量车流、人流的公共建筑物的进出口。

(3)次干路

次干路与主干路结合组成城市道路网，起集散交通的作用，兼有服务功能。次干路两侧可设置公共建筑物的进出口，并可设置机动车和非机动车的停车场、公共交通站点和出租车服务站。

(4)支路

支路为次干路与居民区、工业区、市中心区、市政公用设施用地、交通设施用地等内部道路的连接线，解决局部区域交通，以服务功能为主。支路可与平行于快速路的道路相接，但不得与快速路直接相接。支路需要与快速路交叉时，采用分离式立体交叉跨过或穿过快速路。

后三类道路又按照城市的规模、交通量和地形等因素分为Ⅰ、Ⅱ、Ⅲ级，大城市采用Ⅰ级设计标准，中等城市采用Ⅱ级，小城市采用Ⅲ级。

道路的等级根据道路网规划、道路的功能、使用任务和要求及远景交通量大小综合论证后选定。

5.3　道路的构造

5.3.1　道路的线形组成

道路线形是指道路中线在空间的几何形状和尺寸，可以用平面线形和纵断面线形来表示。

(1)平面线形

平面线形是指公路中线在平面上的投影，有直线、圆曲线、缓和曲线以及三种线形的组合线形。三种线段的技术要求如下：

1)直线段不宜过长，否则会引起驾驶员麻痹、疲劳，美国要求小于 3min 行程。

2)圆曲线段半径 R 不宜过小，否则会引起汽车向外滑移或倾覆。

3)缓和曲线长度也不能过小，应使汽车行驶时所受离心力平稳过渡，缓和曲线的线形有回旋曲线、三次抛物线和双曲线等，回旋曲线最常用。

道路平面组合线形有简单型、复合型、卵形、基本型、S 形、凸形等(见图 5-1)。

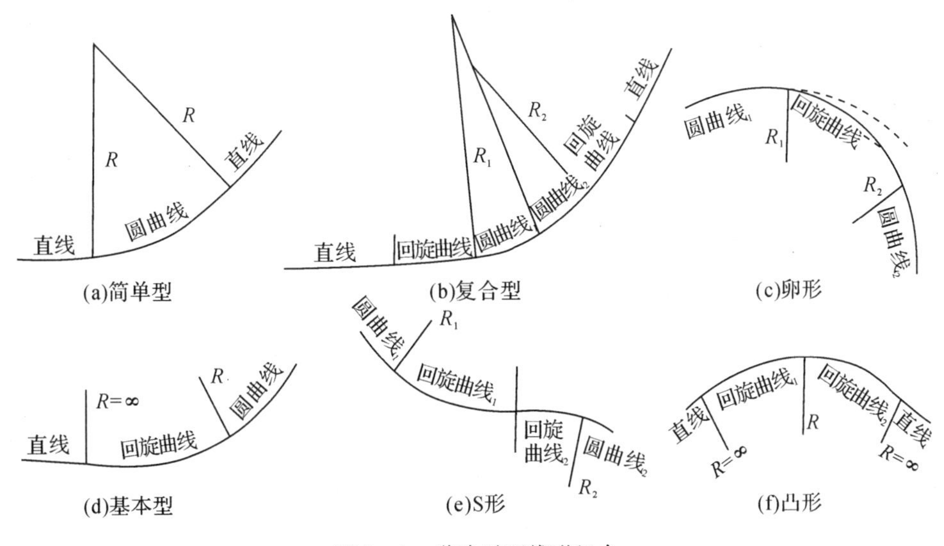

图 5-1　道路平面线形组合

由连续曲线组成的线形，比由长直线和短曲线或长曲线和短直线组成的线形，更符合行驶力学和视觉心理上的要求。优美的公路线形，主要取决于路线与地形和周围环境的适应程度，以及路线平、纵面的协调配合。平原区以直线为主的线形，更易与周围环境相协调，但不宜过长，以免因驾驶员失去警惕而发生事故。在山区特别是沟梁交错的丘陵区，无曲线为主的线形设计是较合适的。设计平面线形时还要注意以下问题：线形组合要注意驾驶员视觉上的连续性，避免骤变，尽量避免交角小的曲线；不得已时，应加大曲线长度，尽量采用大于标准规定的最小半径值；两个同向弯曲的圆曲线间，不要设短直线，以免形成断背曲线而造成驾驶员错觉；缓和曲线长度应尽量选用大于行驶力学要求的长度，要注意与纵断面线形的相互配合。

(2)纵断面线形

通过线路中线的竖向剖面即沿着线路的走向所做的剖面。纵断面线形反映了线路的起伏和设计线路的坡度，它由直线（坡度线上坡、下坡）和曲线（竖曲线有凸形和凹形）组成（见图 5－2），线路纵向坡度和曲率要符合公路规范要求。

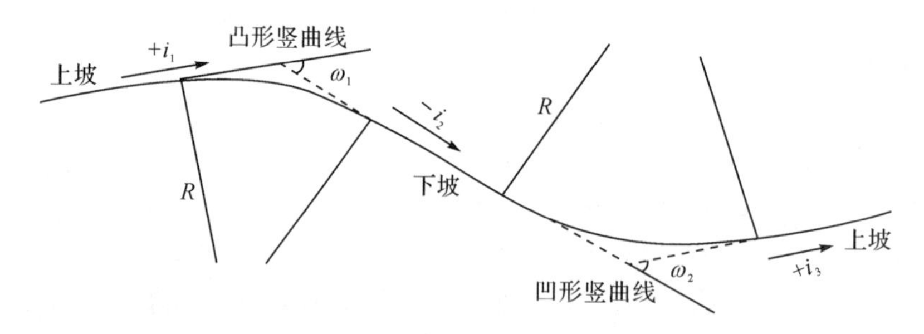

图 5－2　道路纵断面线形

纵断面线形设计必须综合考虑地形，纵坡的大小、长度和纵坡前后的情况，以及同平面线形的组合，在短距离内应避免变坡频繁而形成锯齿状的连续纵坡，在两个同向竖曲线之间不宜设置短的直线坡段，坡度小的长坡尽头处不宜设置急促的竖曲线或平曲线，长坡尽头禁止用小半径的回头曲线。

(3)道路的线形组合

公路的线形，是以平面和纵断面两种线形组合的立体线形映入公路车辆驾驶员眼帘的。若组合得当，会形成一种舒适流畅的立体线形，从而便于行驶，给人以美感；否则会形成扭曲折断的立体线形，不利于行车，甚至产生错觉，造成驾驶失误。

平面线形和纵断面线形的组合，除在路线选定时应予考虑外，在路线设计阶段要掌握以下基本原则：线形在视觉上能自然而然地引导驾驶员视线去适应环境的变化，不致感到视野突变，也不至于由于视野单调而感到厌倦疲困；注意保持平面纵断面两种线形的均衡；选择适当合成坡度的线形组合。

根据这些组合原则，平面线形和纵断面线形的组合应尽可能使平曲线和竖曲线重合，并应尽可能一一对应（即一个平曲线内只有一次变坡，只含有一个竖曲线），使平曲线长度大于竖曲线长度。这样，才能在驾驶员的视觉上构成平顺优美的线形。此外，平曲线和竖曲线大小应保持均衡。同时，应根据公路技术等级，选择适宜的合成坡度控制值，路面横坡和路线纵坡度的合成坡度过大，对行车不利，合成坡度过小，对路面排水不利。

(4)道路交叉口

道路交叉口是指道路与道路、道路与铁路的相交处。

道路交叉口类型有平面交叉口(简单交叉口、拓宽路面式、环形)和立体交叉口(分离式、互通式)两种。常见的交叉口形式如图5-3所示。

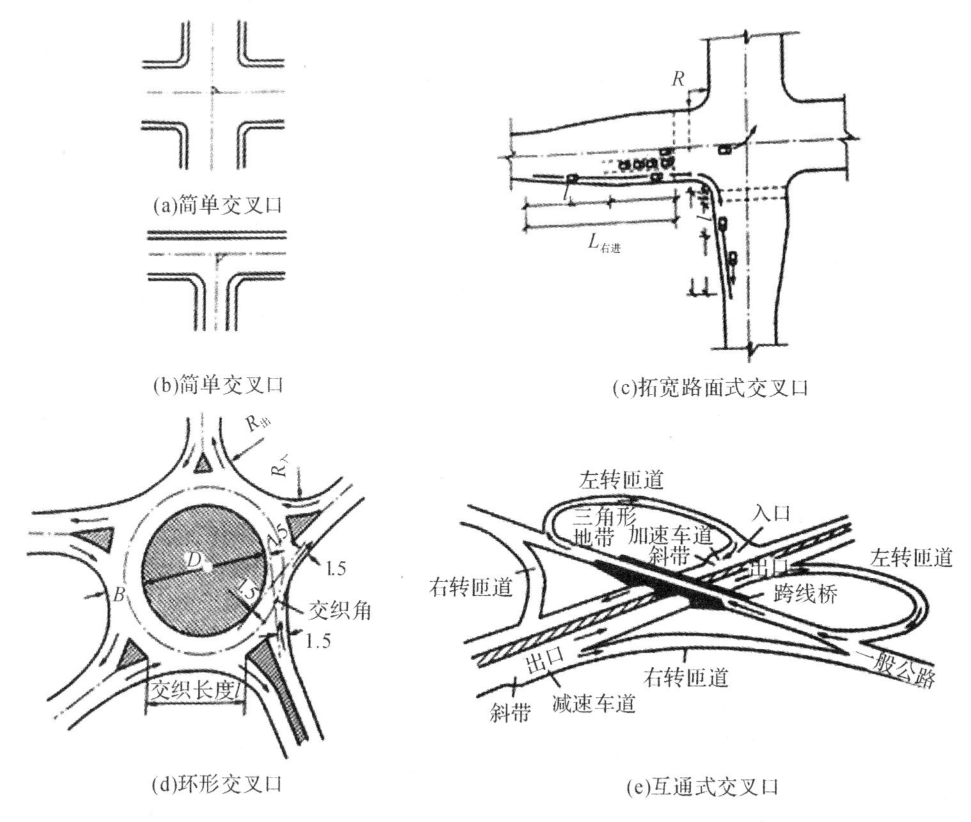

图5-3 常见的道路交叉口形式

减少或消灭道路交叉口冲突点的办法有交通管制、渠化交通、设置立交。

5.3.2 道路结构组成与建设要求

道路(一般指公路)的结构由路基、路面、排水结构物(如边沟、截水沟等)、防护工程(如中央分隔带)等几部分组成(见图5-4)。

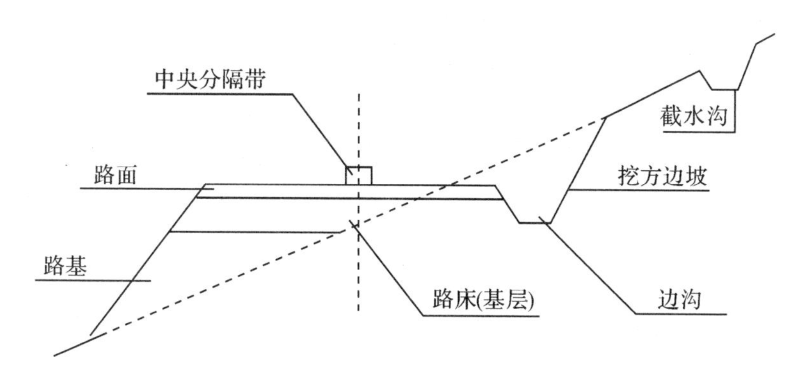

图5-4 道路的结构组成

(1)路基

路基是道路行车路面下的基础,是由土、石按照一定尺寸、结构要求建筑而成的带状土石结构物。路基应满足三项基本要求:具有一定的承载力和刚度,即在自身重力下没有过大沉陷,在车辆荷载下不应发生过大的变形;具有足够的整体稳定性,即不会发生路基的整体滑坡;具有足够的水稳定性,即在地面、地下水冰冻时不会大幅降低承载力。路基设计主要是确定路基横断面形状和边坡坡度,设计道路排水系统及其构筑物,对路基进行稳定性分析,并进行防护措施的设计。

依路基所处的地形条件,其横断面的主要形式有路堤、路堑和半填半挖三种(见图 5-5)。

1)路堤:路堤是指高于原地面的填方路基,如图 5-5(a)所示。路堤应修筑在较稳固和较干燥的地基上。不符合此要求的软弱地基,必须进行加固处理。

2)路堑:路堑是通过开挖天然地面所成的路基,如图 5-5(b)所示。路堑边坡设计主要用来确定断面形势和边坡坡度等问题。路堑按通过的地层分为土质路堑和石质路堑。

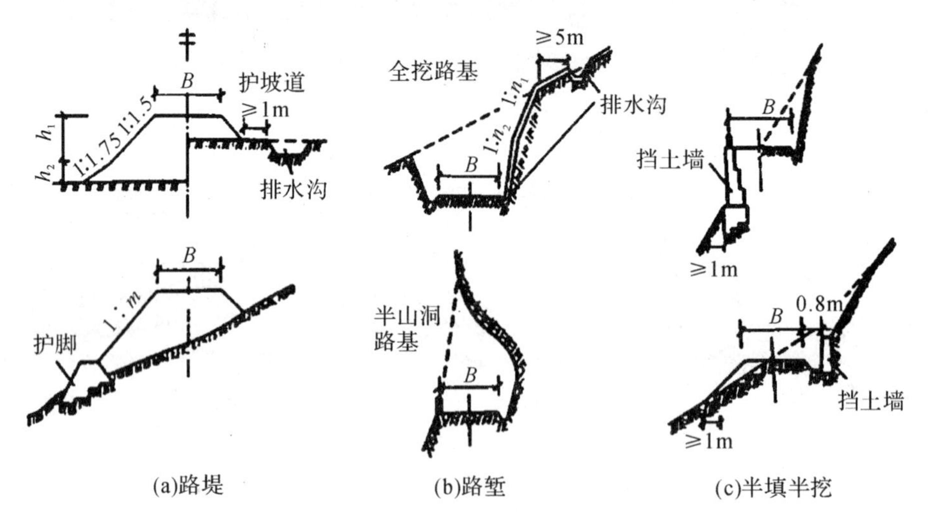

图 5-5 路基的主要形式

土质路堑边坡设计应根据边坡高度、土的湿度、密实程度、地下水与地面水的情况及生成时代等因素确定,比较复杂。在一般情况下,土质挖方边坡坡度应根据调查路线附近已建工程的人工边坡及自然山坡稳定情况,并参照有关规范确定。

石质路堑边坡应根据岩性、地质构造、岩石的风化破碎程度、边坡高度、地下水及地面水等因素综合分析确定,如受结构面控制的挖方边坡,应按结构面的情况设计边坡,当岩层倾向路基石时,应避免设计高的挖方边坡。

3)半填半挖:指低于原地面的挖方路基,是路堤和路堑的组合形式,如图 5-5(c)所示。

路基高度由路线纵断面设计确定,路基宽度(见图 5-5 中的尺寸 B)应根据设计交通量和公路等级确定,路基边坡按对路基整体稳定性的影响计算确定,路基横断面结构组成如图 5-6 所示。

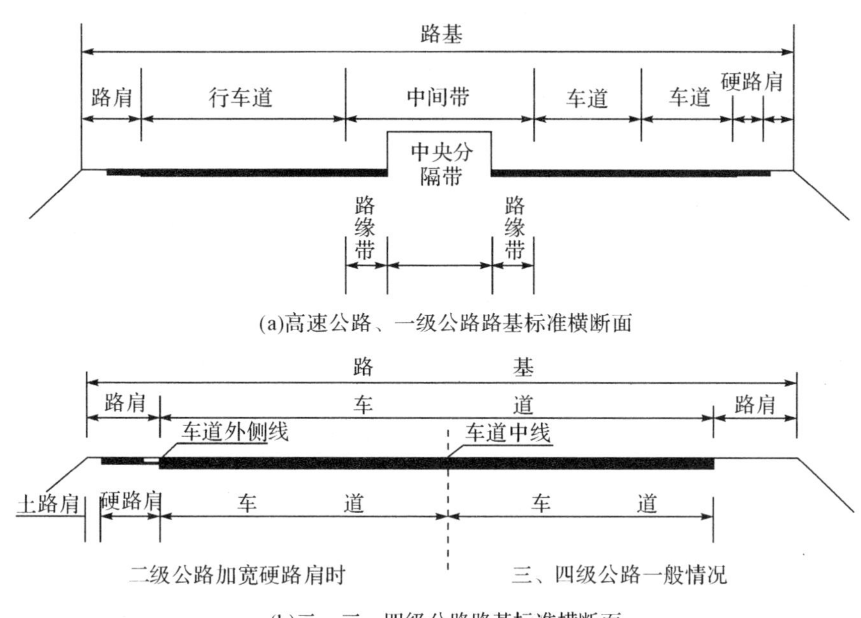

(a)高速公路、一级公路路基标准横断面

(b)二、三、四级公路路基标准横断面

图 5－6　公路路基横断面结构组成

(2)路面

路面是支承在路基之上的各个结构层的总称(见图 5－7)。路面结构一般由面层、基层、垫层组成,有的路面只采用面层和基层两个结构层,甚至只采用一个面层的结构。

1)面层:位于路面的最上层,是表征路面使用品质的结构层,面层直接和车轮与大气接触,受行车的垂直荷载、水平力、振动冲击力和真空吸力的直接作用,并受雨雪、日照、气温变化的直接影响,因此必须采用高强稳定耐磨的材料铺筑,面层应有防止水分下渗的功能,其表面应平整、粗糙,并按规定要求设置路拱横坡($i=1\%\sim4\%$),以利路面排水。若道路通过居民区和风景区、疗养区,还应特别注意防尘和降低噪声。

面层可分为面层上层和面层下层,以及磨耗层和连接层。为改善路面的抗滑性能,防止路面的磨耗和渗水,延长其使用年限,中、低级面层常用硬质沙砾做磨耗层,高级或次高级面层常用沥青玛蹄脂碎石混合料(Stone Mastic Asphalt,SMA)、沥青混凝土、沥青砂等做磨耗层。面层上层、面层下层为主面层,它是保证面层强度的主要部分,可用沥青混凝土铺筑。

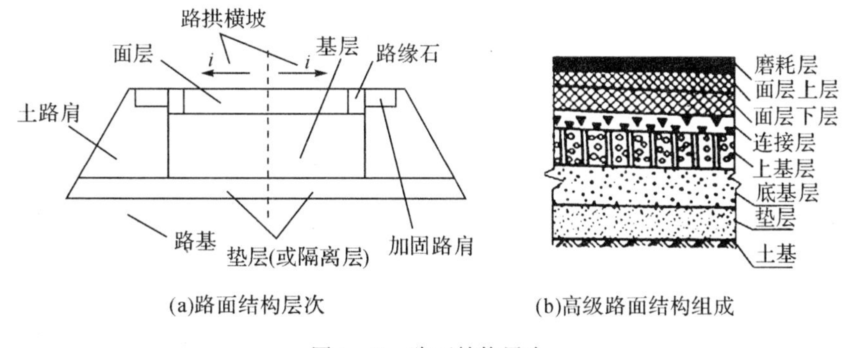

(a)路面结构层次

(b)高级路面结构组成

图 5－7　路面结构层次

道路等级愈高，设计车速越大，对路面抗滑性，平整度要求愈高。《公路工程技术标准》(JTGB 01—2014)规定的路面面层类型及适用范围见表5－2。

表5－2 路面面层类型及适用范围

面层类型	适用范围
沥青混凝土	高速公路、一级公路、二级公路、三级公路、四级公路
水泥混凝土	高速公路、一级公路、二级公路、三级公路、四级公路
沥青贯入、沥青碎石、沥青表面处治	三级公路、四级公路
砂石路面	四级公路

2)基层：位于面层之下，其作用是承受由面层传递来的车轮垂直压力，并把它均匀扩散分布到下面的垫层或土基上。基层材料必须具有足够的强度、水稳性和扩散荷载的性能，常用材料有碎石、片石、砾石、天然砂砾、各种石灰、水泥或沥青稳定处治材料，以及矿渣、煤渣、电石渣、粉煤灰等工业废渣及其同砂、石组成的混合料和低标号水泥混凝土等。在交通繁忙的道路上，基层多分两层铺筑。下层称为底基层，可用价廉的当地材料，上层用强度较高的材料。

考虑到扩散应力的需要和施工方便，基层的宽度应较面层每侧至少宽出1cm，底基层每侧比基层至少宽出2cm。透水性基层、级配粒料基层的宽度宜与路基同宽。

3)垫层：为改善土基水温情况，提高土基强度，防止路面不均匀冻胀和翻浆，以及为防止路基土挤入基层影响其稳定性而设于基层和土基之间的结构层。为隔断地下水上升或地表积水下渗而设置的垫层，通常称为隔离层；兼有蓄水和排水作用的垫层也称排水层；用于防止或减轻路面不均匀冻胀的垫层，又称防冻层或隔温层。垫层材料必须具有良好的水稳性，以及必要的透水或隔热性能。按其功用主要有空隙性的粒料，如粗砂、砂砾、炉渣、石灰土和炉渣石灰土等。

为保证路面边缘有同等的支承能力，各结构层应自上而下逐层加宽，做成阶梯形，每侧加宽约25～30cm。当垫层作为隔离层使用时，则应在路基范围内全宽铺筑。

一些发达国家采用聚苯乙烯板作为隔温材料。如果选用松散颗粒透水性材料做垫层，其下应设置防淤防污的反滤层或反滤织物(如土工布等)，以防止路基土挤入垫层而影响其工作性能。

(3)排水结构物

为了确保路基稳定，免受地面水和地下水的侵害，公路还应修建专门的排水设施，地面水的排除系统按其排水方向不同，分为纵向排水和横向排水。

纵向排水设施指边沟、截水沟和排水沟等(见图5－4)；横向排水设施是指桥梁、涵洞、路拱、过水路面、渗水路堤和渡水槽等。路基路面排水应符合以下规定：

1)路基路面排水设计应综合规划、合理布局并与沿线排灌系统相协调，保护生态环境，防治水土流失和污染水源。

2)根据公路等级，结合沿线气象、地形、地质、水文等自然条件，设置必要的地表排水路、地下排水等设施，并与沿线排水系统相配合，形成完整的排水体系。

3)特殊地质环境地段路面排水设施必须与该特殊工程整治措施相结合，进行综合设计。

(4)特殊结构物

道路特殊结构物有隧道、悬出路台、防石廊、挡土墙和防护工程等(见图5-8)。

(5)道路沿线附属结构

一般的公路上，除了上述各种基本结构外，为了保证行车安全、迅速、舒适和视觉上美观，还需设置交通管理设施、交通安全设施、服务设施和环境美化设施等。

(a)公路隧道

(b)公路边坡

图5-8　公路特殊结构物

复习思考题

1.交通运输体系由哪几部分组成？各自的特点是什么？

2.道路交通运输系统由哪几部分组成？

3.试述道路工程的内容。

4.道路按照所处位置、交通特点及使用特点分为哪几类？

5.按照道路在道路网中的地位、行程的长度及所承担的交通量，公路和城市道路分为哪几类？

6.道路由哪几部分组成？

7.道路的结构物包括哪些？

8.什么是路基、路面？道路设计中对于路基、路面的具体要求是什么？

第6章　铁路工程

学习目标

本章通过介绍铁路工程的基本知识，使学生了解世界铁路和我国铁路的发展史以及未来发展重点，了解普通铁路的选线、定线及纵平面设计，熟悉铁路上部结构的基本组成，了解城市轨道发展。

6.1　铁路工程概述

6.1.1　世界铁路发展史

16世纪，随着英国采矿业的兴起，为了运输煤炭和矿石到港口，最初用两根平行木材做轨道。17世纪逐步用角铁替代木材，角铁的一边起导向作用，防止车轮脱轨，马车则在另一边行驶(见图6-1)。经过多年的不断改进，角铁换成了钢轨，“铁路”变成了“钢路”，但是人们还是习惯把它叫作“铁路”。

图6-1　铁路的雏形

1814年，英国人制成世界上第一台蒸汽机车，第一次工业革命开始。1825年，英国修建了世界上第一条蒸汽机车牵引的21km长的铁路——斯托克顿至达林顿铁路(见图6-2)。它的出现，标志着近代铁路运输业的开端，使陆上交通运输迈入了以蒸汽机为动力的新纪元。

铁路及火车一经发明，便以其迅速、便利、经济等优点，深受人们的重视，除了在英国全

图6-2 斯托克顿至达林顿铁路

面展开铁路的铺设工程外，其他国家也相继开始兴建铁路。直到20世纪20年代，飞机和汽车的发展，使铁路受到了冲击，一度处于停顿状态。然而能源的危机、环境的污染等问题的出现，又使铁路重见曙光，特别是电气化铁路较少受燃料价格上涨变化的影响。而且，铁路在整个交通运输系统中的能耗所占比重很小。另外，铁路在运行过程中排放的废气及产生的噪声等对生态环境的污染，与其他交通运输工具相比也是最低的。目前，世界铁路总长度约为137×10^4km，其中美国22.4×10^4km，俄罗斯12.8×10^4km，中国排名第三。从地理分布上看，美洲铁路约占全世界铁路总长的2/5，欧洲约占1/3，而非洲、澳洲和亚洲的总和还不到1/3。十分明显，世界铁路的发展和分布情况是极不平衡的。各国修建和发展铁路的趋势也不尽相同，我国和许多发展中国家始终在新建铁路、扩展路网。可以认为，世界各国铁路正在进入新的兴盛时期，在不远的将来，必将会有一个历史性的大发展。

6.1.2 我国铁路的发展

与世界上上第一条铁路的出现相比，中国第一条铁路的通车整整晚了50年，交通运输的滞后，严重阻碍了旧中国经济和科技的发展，是国家持续落后和停滞的一个主要原因。1905年10月修建的京张铁路，是在我国杰出的爱国工程师詹天佑的主持下（见图6-3、图6-4），全部用中国人民自己的智慧和才能建成的。京张铁路南起北京丰台，北至张家口，全长201km，采用1 435mm标准轨距，通过四条隧道：居庸关隧道、五贵头隧道、石佛洞隧道和长达1 092m的八达岭隧道。为了保证列车能安全越过山陵，詹天佑主持设计了“人”字形爬坡路线（见图6-5）。

图6-3 爱国工程师詹天佑（1861—1919）

旧中国铁路具有浓厚的半封建半殖民地色彩，技术设备陈旧落后，铁路的分布极不均衡、极不合理。新中国成立后，作为国民经济的大动脉，铁路得到了快速发展。特别是进入21世纪后，我国铁路建设取得了举世瞩目的大发展。截至2014年年底，全国铁路运营总里程已突破11×10^4km，其中高铁运营总里程超过1.5×10^4km。60多年来，我国铁路网日新月异，高速、重载从无到有，基本实现技术装备现代化，运输安全持续稳定，初步建立起适应社会主义市场经济发展的铁路管理新体制。

图 6－4　詹天佑(车下右起第三人)
京张线建成合影

图 6－5　京张铁路“人字形”路线

新中国第一路——成渝铁路，于 1950 年 6 月 15 日开工，于 1952 年 7 月 1 日建成通车，全长 505km，是我国自行设计、自行施工、使用自产材料修成的第一条千里干线，结束了四川人民 40 多年来没有正式铁路的历史(见图 6－7、图 6－8)。

图 6－7　蜀道难，难于上青天

图 6－8　成渝铁路通车典礼

1987 年，在我国南北铁路大动脉的京广铁路上修建了长 14.3km 的大瑶山隧道(见图 6－9、图 6－10)，是当时国内最长的复线铁路隧道，居世界双线铁路隧道的第 10 位，结束了我国不能修建 10km 以上大隧道的历史，标志着我国隧道建设达到了世界先进水平。

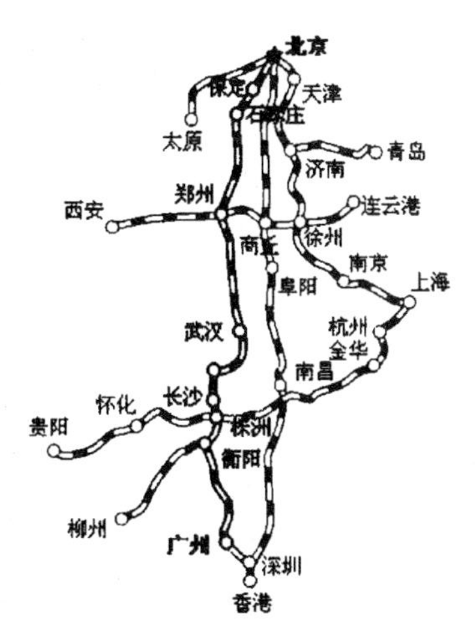

图 6－9　京广铁路线路图

图 6－10　大瑶山隧道通车情景

21 世纪以后,我国铁路建设进入了黄金时期,铁路现代化发展更为显著,取得了辉煌成就。

粤海铁路是中国第一条跨海铁路(见图 6－11、图 6－12)。2003 年 1 月 8 日上午 10:55,首列货物列车乘“粤海铁 1 号”跨过琼州海峡抵达海南岛。这标志着粤海跨海大通道正式开通,结束了海南与大陆不通铁路的历史,使千百年以来一直孤悬海外的海南岛与大陆有了直接的通道。

图 6－11　火车进港

图 6－12　火车渡轮开出

世界海拔最高的铁路——青藏铁路(见图 6-13、图 6-14)由青海省省会西宁至西藏自治区首府拉萨,全长 1 956km。2006 年 7 月 1 日,青藏铁路全线开通试运营。在建设这条世界上海拔最高、线路里程最长的高原铁路的过程中,高寒缺氧、多年冻土和环境保护是修建时的三大难题。

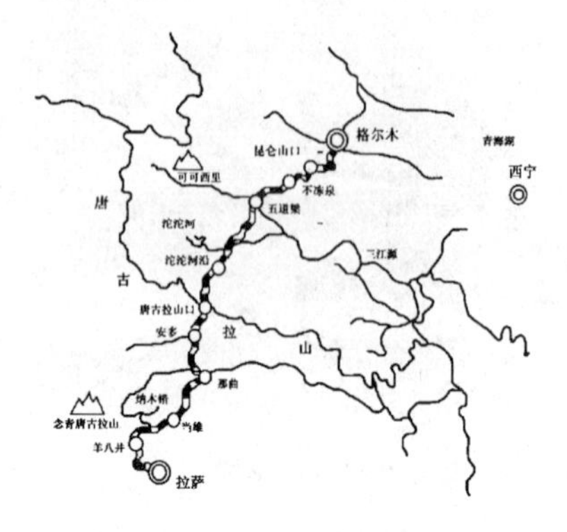

图 6-13 青藏铁路线路

图 6-14 青藏高原上奔驰的长途列车

我国第一条高等级城际快速铁路——京津城际高速铁路(见图 6-15、图 6-16)的开通,使京津间形成“半小时经济圈”,对北京、天津两市的一体化进程,对环渤海地区经济社会的快速、协调发展,发挥了十分重要的推动作用。

图 6-15 京津城际铁路专用车辆

图 6-16 城际铁路全部采用高架桥,以桥代路

6.1.3 铁路运输的特点

铁路运输是以固定轨道作为运输道路，由轨道机械动力牵引车辆运送旅客和货物的运输方式。铁路运输与其他各种现代化运输方式相比，具有运输能力大的特点，每一辆列车载运货物和旅客的能力远比汽车和飞机大得多。速度快是铁路运输的另一特点，我国常规铁路的旅客列车运行速度一般为80km/h左右，快速旅客列车速度目前可达120～160km/h，而高速动车组列车速度目前可达200～380km/h。铁路货运速度虽比客运速度慢些，但是每昼夜的平均货物送达速度也比水路运输快。此外，铁路运输成本也比公路、航空运输低。铁路运输一般可全天候运营，受气候条件限制较小。同时，铁路运输还具有安全、正点、环境污染小和单位能源消耗较少等优点。

由于铁路运输具有上述技术经济特点，因此铁路运输极适合幅员辽阔的大陆国家，适合运送经常的、稳定的大宗货物，适合中长距离的货物运输以及城市间的旅客运输的需要。

6.2 铁路的构成

铁路由线路、路基和线路上部建筑构成。铁路工程包括桥梁、涵洞、隧道、排水系统、车站设施、机务设备、电力供应等。

铁路线路是铁路横断面中心线在铁路平面中的位置，以及沿铁路横断面中心线所表示的纵断面状况；路基是铁路线路承受轨道和列车荷载的地面结构物；线路上部建筑包括与列车直接接触的钢轨、轨枕、道床、道岔和防爬设备等主要零件。

6.2.1 铁路线路

铁路线路中心线在水平面上的投影，称为铁路线路的平面线形，平面线形由直线、圆曲线和缓和曲线组成。线路中心线在垂直面上的投影，称为铁路线路的纵断面，铁路线路在纵断面上设置上坡、下坡和平道。

铁路线路设计包括选线、定线以及全线线路的平面和纵剖面的设计。

(1)铁路选线和定线设计

铁路选线设计是整个铁路工程设计中关系全局的总体性工作。铁路定线就是在地形图上或地面上选定线路的走向，并确定线路的空间位置。

选线设计的主要内容有：

1)根据国家政治、经济和国防需要，结合线路经过地区的自然条件、资源分布和工农业发展等情况，规划线路的基本走向，选定铁路的主要技术标准。在城市里，则根据地区的商业或工业发展情况来规划线路的走向。

2)根据沿线的地形、地质、水文等自然条件和村镇、交通、农田、水利设施，设计线路的空间位置。

3)布置沿线的各种建筑物，如车站、桥梁、隧道、涵洞、挡土墙等，并确定其类型和大小，使其在总体上互相配合，全局上经济合理。

铁路定线就是在地形图上或地面上选定路线的走向，并确定线路的空间位置。通过定线，决定有关设备与建筑物的分布和类型。这些设备与铁路工程的耗费直接有关，是一项综合工程。

(2)线路空间位置设计

线路空间位置设计是线路平面与纵剖面设计,其作用是在保证行车安全和平顺的前提下,适当把握工程投资和运营费用关系的平衡。在线路设计完成后,就要进行线路的平面设计和纵剖面设计。

线路的平面设计就是设计铁路中心线在平面上的投影,一般由直线段和曲线段组成;线路的纵剖面设计就是设计铁路中心线在立面上的投影,一般由坡段线和竖曲线组成。线路的平面、纵剖面设计关系到铁路工程的土建工程量、材料消耗量,故须十分谨慎。

6.2.2 铁路路基设计

路基承受来自轨道、机车车辆及其荷载的压力,所以必须填筑坚实,经常保持干燥、稳固和完好状态,并尽可能保证路基面的平顺,使列车能在允许的弹性变形范围内平稳安全地运行。

铁路路基设计需要考虑以下问题:

(1)横断面

通常把垂直于线路中心线的横截面称为路基横断面,简称路基断面。按照路基所处的地势情况与横断面的形状,路基断面可以有路堤、半路堤、路堑、半路堑、不填不挖路基等形式。

(2)路基的组成

路基由路基本体和路基附属设施两部分组成。

路基本体由路基顶面、路肩、路基边坡和天然地面线等构成(见图6-17)。路基附属设施是为了保证路基的强度与稳定,包括路基排水和路基防护与加固。

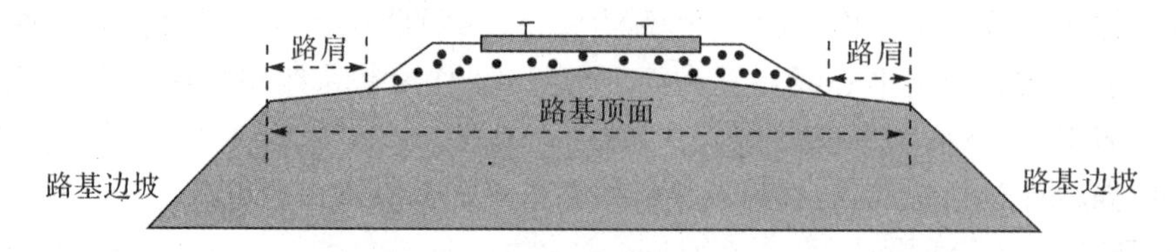

图6-17 路基本体的组成

(3)路基稳定性

铁路路基承受列车的振动荷载和各种自然力的影响,因此必须从以下方面考虑验算其稳定性:路基体所在的工程地质条件;路基的平面位置和形状;轨道类型及其上的动态作用;各种自然力的作用等。

(4)桥隧建筑物

在修建一条铁路时,常常会碰到江河、山谷、山岭、公路,或者与另外一条铁路交叉。为了让铁路跨越这些地形上的障碍,就需要修建各种各样的铁路桥隧建筑物,以使铁路线路得以继续向前延伸。桥隧建筑物主要包括桥梁、隧道、涵洞、明渠等。

6.2.3 铁路线路上部建筑

轨道铺设在路基上,是直接承受机车车辆巨大压力的部分,它包括钢轨、轨枕、道床、防爬器、道岔和联结零件等主要部件(见图6-18)。

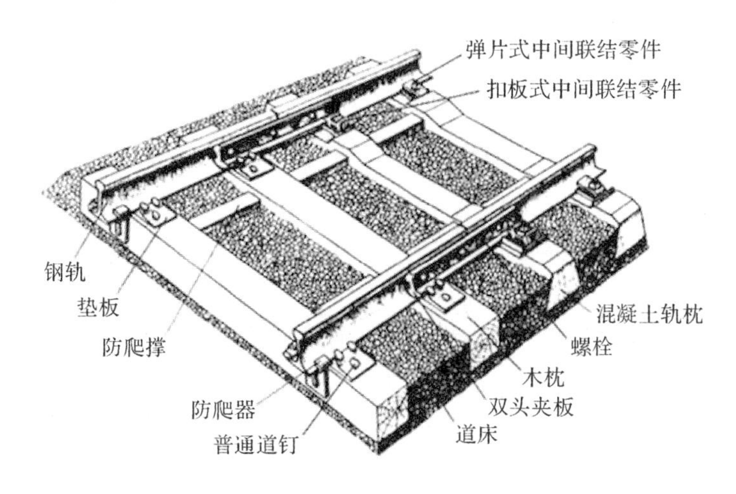

轨道的基本组成

图6-18　线路上部结构的基本组成

6.3　高速铁路

6.3.1　高速铁路的诞生

1964年,世界上第一条高速铁路——东海道新干线在日本诞生,最高速度为210km/h,开创了世界铁路的新纪元。高速铁路的诞生和成功,让世界重新审视铁路的价值。

铁路现代化的一个重要标志是大幅度提高列车的运行速度。高速铁路是发达国家于20世纪60年代逐步发展起来的一种城市与城市之间的运输工具。经过50多年的发展,世界上已有法国、德国、日本、中国、意大利、西班牙等十余国家拥有了高速铁路。日本、法国、德国等是当今世界高速铁路技术发展水平最高的几个国家。

建设快捷、绿色、节能、安全、方便的高速铁路已经成为世界性的共识。高速铁路的发展,集中反映了一个国家铁路线路结构、列车牵引动力、高速运行控制、运输组织和经营管理等方面的技术进步,也体现了一个国家的科技和工业水平。

6.3.2　我国高铁的发展

我国正在把铁路提速作为加快铁路运输业发展的重要战略。1997年4月1日,我国实施第一次铁路大提速,列车速度首次达到140km/h,同时在全国4条主要干线运行的快速列车速度也被提高至120km/h。在1998年、2000年和2001年,我国铁路又连续实施3次提速。2004年4月18日,我国铁路开始启动历史上的第五次大面积提速,主要干线列车速度达到200km/h,标志着我国铁路在扩充运能和提高技术装备方面实现新的突破。2007年4月18日,我国铁路第六次大面积提速,最高速度达250km/h,第六次提速的亮点是速度达200km/h的动车投入使用。2011年京沪高铁全线开通,这是我国第一条具有世界先进水平的铁路,线路总长1 318km,设计速度350km/h,初期运营速度300km/h。这条路线的通车标志着我国铁路已经进入了高速时代(见图 6-19)。

图 6-19　我国高铁

2008 年国家发改委批准的《中长期铁路网规划(2008 年调整)》确定了我国的铁路网发展目标。预计到 2020 年,我国将建设客运专线 1.6×10^4 km 以上,建立省会城市及大中城市间的快速客运通道,规划"四纵四横"等客运专线以及经济发达和人口稠密地区城际客运系统。届时,全国铁路营业里程将达到 12×10^4 km,形成功能完善、点线协调的客货运输网络。同时,主要技术装备达到或接近国际先进水平,铁路建设总投资超过 2 万亿元。这意味着在未来十几年,中国将进入有史以来规模最大的铁路建设时期,而铁路客运专线路网建设正是当前的重点。

6.3.3　高速铁路的修建模式

发展高速铁路采用什么途径,不同的国家根据本国的国情和路情,做出了不同的选择。归纳起来,修建高速铁路有如下几种模式:

(1)日本新干线模式:全部修建新线,旅客列车专用(见图 6-20)。

(2)法国 TGV 模式:部分修建新线,部分旧线改造,旅客列车专用(见图 6-21)。

(3)德国 ICE 模式:全部修建新线,旅客列车及货物列车混用(见图 6-22)。

(4)英国 APT 模式:既不修建新线,也不对旧有线进行大量改造,主要靠采用由摆式车体的车辆组成的动车组,旅客列车及货物列车混用(见图 6-23)。

图 6-20　日本新干线高速列车

图 6-21　法国 TGV 高速列车

图6-22　德国ICE高速列车

图6-23　英国APT高速列车

目前，世界上把不同速度的铁路划分为几个档次，一般定为：速度100～120km/h，称为常速铁路；速度120～160km/h，称为中速铁路；速度160～200km/h，称为准高速铁路或快速铁路；速度200～400km/h，称为高速铁路；速度在400km/h以上时，称为特高速铁路。

6.3.4　高速铁路的技术经济特征

高速铁路技术是当代世界铁路的一项重大技术成就，它集中地反映了一个国家铁路牵引动力、线路结构、运行控制、运输组织和经营管理等方面的技术进步，也体现了一个国家的科技和工业水平；同时，高速铁路在经济发达、人口密集的地区具有突出的经济效益和社会效益。

(1)高速铁路的技术要求

铁路高速化的实现为城市之间的快速交通往来和旅客出行提供了极大的方便。同时也对铁路选线与设计等方面提出了更高的要求，如铁路沿线的信号与通信自动化管理，铁路机车和车辆的减震和隔声要求，对线路平断面、纵断面的改造，轨道结构的强化，轨道平顺性和养护技术的改善等。具体主要表现在以下几个方面：

1)线路方面

高速铁路线路应能保证列车按规定的最高车速，安全、平稳和不间断地运行，因此要求线路整体上必须具有一定的坚固性、稳定性和平顺性。高速铁路对线路的具体要求表现在最小曲线半径、缓和曲线、外轨超高等线路平面标准，坡度值和竖曲线等线路纵断面标准，以及对线路构造、道岔等的特定要求等方面。

2)列车的牵引动力方面

高速列车的牵引动力是实现高速行车的重要关键技术之一。高速行车涉及许多方面的新技术。如：新型动力装置与传动装置(牵引动力的配置已不能局限于传统机车的牵引方式，而要采用分散的或相对集中的动车组方式)；新的列车制动技术；高速电力牵引时的受电技术；适应高速行车要求的车体及行走部分的结构以及减少空气阻力的新外形设计；等等。这些均是发展高速铁路在牵引动力方面必须解决的具体技术问题。

3)信号和控制系统方面

高速铁路的信号与控制系统是高速列车安全、高密度运行的基本保证。信号与控制系统是集微机控制与数据传输于一体的综合控制与管理系统，也是铁路适应高速运行、控制与管理而采用的最新综合性高新技术，一般统称为先进列车控制系统。如列车自动防护系统、卫星定位系统、车载智能控制系统、列车调度决策支持系统、列车微机自动监测与诊断系统等。

4)通信方面

通信在铁路运输中起着神经系统和网络的作用,通信主要完成三个方面的任务:保证指挥列车运行的各种调度指挥命令信息的传输;为旅客提供各种服务的通信;为设备维修及运营管理提供通信条件。列车运行速度的提高,对通信也提出了更高的要求,主要要求通信具有高可靠性、高效率,能与信号系统紧密结合,形成一个完整的铁路通信网。

(2)高速铁路的经济优势

与公路、航空相比,高速铁路的主要技术经济优势表现在:旅行时间短;列车密度高、运量大;高速列车乘坐舒适性好;土地占用面积小;能耗低;环境污染小;外部运输成本低;列车运行准点;安全可靠;受气候影响不大,全天候运行;社会经济效益好。

由于这种经济快速的公共交通运输工具能适应社会发展和人民生活的需要,因而获得了世界各国的普遍关注。

6.4 地铁与轻轨工程

6.4.1 概 述

世界范围内人口向城市集中,城市化步伐加快,大中型城市普遍出现人口密集、住房紧缺、交通阻塞、环境污染严重、能源匮乏等所谓“城市病”。发达国家的经验表明,城市轨道交通是解决大中城市公共交通运输的供需矛盾的根本途径。自1863年以来,世界城市轨道交通已走过近150年的历程,其数量和质量有了极大的增加和提高,尤其是以人为本的宗旨和因地制宜、可持续发展等理念得到了充分的体现和实施,从而给乘客带来了极大的方便。地铁和轻轨都属于城市快速轨道交通的一部分,因其运量大、快速、低能耗、少污染、乘坐舒适方便等优点,常被称为“绿色交通”,对于21世纪实现城市持续发展具有非常重要的意义。轨道交通与城郊铁路、航空、城市道路等交通方式的能源消耗和环境污染比较见表6-1。

表6-1 各种交通方式能源消耗和环境污染比较

比较项目	城郊铁路	航空	城市道路	城市轨道交通
能源消耗	1.0	5.3	4.6	0.8
人均 CO_2 排放	1.0	6.3	4.6	1.0
人均噪声	1.0	1.5	1.7	0.4

注:以城郊铁路为基准进行比较。

城市轨道交通的发展经历了一个曲折的过程,大致分为以下几个阶段:

初步发展阶段(1863—1924年):欧美的城市轨道交通发展较快,期间13个城市建成了地铁,还有许多城市建设了有轨电车。20世纪20年代,美国、日本、印度和中国的有轨电车有了很大发展。

停滞萎缩阶段(1924—1949年)：两次世界大战的爆发和汽车工业的发展，促使了城市轨道交通的停滞和萎缩。美国1912年已有370个城市建有有轨电车，到1970年受拆除风的影响，只剩下8个城市保留有轨电车。

再发展阶段(1949—1969年)：汽车过度增加，使城市道路异常堵塞，行车速度下降，严重时还会导致交通瘫痪，加之空气污染和噪声严重、能耗大、市区停车难，轨道交通重新得到重视，而且从欧美扩展到日本、中国、韩国、巴西、伊朗、埃及等国家，这期间有17个城市新建了地铁。

高速发展阶段(1970年至今)：世界很多国家都确立了优先发展轨道交通的方针，立法解决城市轨道交通的资金，城市轨道交通发展迅速。

6.4.2　城市地铁

世界上第一条载客的地下铁道(简称地铁)是1863年首先通车的伦敦地铁。早期的地铁是由蒸汽机车牵引的，轨道较浅，建设方法是在街道下面先挖一条深沟，然后在两边砌上墙壁，下面铺上铁路，最后再在上面加顶。第一条使用电动火车并且真正深入地下的铁路是在1890年建成的，也由此改进了使用蒸汽机车带来的许多缺点。目前，伦敦的地铁长度已达380km，全市已形成了一个四通八达的地铁网，每天载客160余万人次。

现在全世界建有地下铁道的城市有很多，如法国巴黎、英国伦敦、俄罗斯莫斯科、日本东京、美国纽约、美国芝加哥、加拿大多伦多等。在我国的一些大城市，也陆续建成了比较完善的地下铁道，如北京、上海、天津、广州、南京、深圳等，还有一些城市正在建设地铁，如武汉、成都、西安、杭州、沈阳、重庆、郑州等。

发达国家的地铁设施非常完善，如法国的巴黎，其地铁在城市地下纵横交错，行驶里程高达数百千米，地下车站遍布城市各个角落，给居民带来了非常便利的公共交通服务。英国伦敦的地铁绵延甚广，总长度约402km(250英里)，每年乘坐的旅客多达数亿人次。英国格拉斯哥的地铁，全长20.8km，线路平面布置宛如一个闭合式的圆环，其行驶路线是在做圆周运动。俄罗斯莫斯科的地铁，以其富丽堂皇的车站而闻名于世(见图6-24)。至20世纪90年代初，莫斯科地铁长度已达212.5km，设有132个车站，共拥有8条辐射线和多条环行线，平面形状宛如蜘蛛网。莫斯科地铁自1935年5月15日运营以来，累计运输乘客已超

图6-24　俄罗斯莫斯科地铁车站

过500亿人次，担负着莫斯科市总客运量的44%。美国波士顿的地铁，由超过80km长的多条线路交汇于市中心的一点和几点上，通过这几点的换乘站可以转往其他公交站。波士顿地铁于20世纪90年代率先采用交流电驱动的电机和不锈钢制作的车厢，也是美国大陆首先使用交流电直接作为动力的地铁列车。美国纽约的地铁是世界上最繁忙的，每天行驶的班次多达9 000余次，运输量更是惊人。

6.4.3 城市轻轨

城市轻轨是城市轨道建设的一种重要形式，也是当今世界发展最为迅猛的轨道交通形式。近年来，随着城市化步伐的加快，我国重庆、上海、北京等城市纷纷兴建城市轻轨。轻轨的机车重量和载客量要比一般列车小，所使用的铁轨质量轻，每米只有50kg，而一般铁轨每米的质量为60kg。它一般有较大比例的专用道，大多采用浅埋隧道或高架桥的方式，车辆和通信信号设备也是专门化的，克服了有轨电车运行速度慢、正点率低、噪声大的缺点。它比公共汽车速度快、效率高、能耗低、空气污染少等。轻轨比地铁造价更低，见效更快。

上海已建成我国第一条城市轻轨系统，即明珠线（见图6-25）。截至2014年8月，明珠线全长40.3km，自上海市西南角的徐汇区开始，贯穿长宁区、普陀区、闸北区、虹口区，直到东北角的宝山区，沿线共设29座车站。全线为无缝线路，除了起始的几站及与上海火车站连接的轻轨站以外，其余全部采用高架桥结构形式。

建设城际快速轨道交通网，是一个地区综合运输系统现代化的重要标志，快速轨道交通以其输送能力大、快速准时、全天候、节省能源和土地、污染少等特点，开拓城市未来可持续发展的新空间。

图6-25 上海明珠线

6.5 磁悬浮铁路

6.5.1 磁悬浮铁路的由来

随着目前高速铁路的发展，虽然速度有所提高，但传统铁路无法摆脱地面摩擦阻力对运动速度的约束。因此,在铁路与航空之间存在着一个空白段。长期以来人们就在思索如何弥补铁路和飞机之间的差距,而磁悬浮铁路则是当今世界上引人注目并很有发展前途的高速陆上运输系统。

磁悬浮铁路与传统铁路有着截然不同的特点。在传统铁路上运行的列车,是靠机车作为牵引力,由线路承受压力,借助车轮沿钢轨滚动前进的。而在磁悬浮铁路上运行的列车,是利用电磁系统产生的吸引力或排斥力将车辆托起,使整个列车悬浮在线路上,利用电磁力导向,直线电机将电能直接转换成推进力而推动列车前进的。所以,磁悬浮列车是介于铁路和航空之间的自动化的地面交通方式,为世界陆上运输开辟了一个新领域。

磁悬浮铁路除了具有速度快的特点之外,还有噪声低、振动小、无磨耗、不受气候条件影响、无污染环境、安全、舒适、节能等优点,因而引起了人们极大的兴趣,许多国家纷纷制订了研究计划。因此磁悬浮铁路将成为未来最具竞争力的一种交通工具。

6.5.2 磁悬浮铁路在各国的发展

日本于1962年开始研究常导磁浮铁路。2003年7月31日,在日本山梨县的一处山野中,速度高达500km/h的磁悬浮列车首次进行了试验。德国从1968年开始研究磁悬浮列车,目前,德国在常导磁浮铁路研究方面的技术已趋成熟,德国政府在汉堡至柏林之间修建了一条292km长的磁浮铁路。

目前发达国家已经开始研究可行性方案的磁悬浮铁路有:美国的洛杉矶—拉斯维加斯(450km)、加拿大的蒙特利尔—渥太华(193km)、欧洲的法兰克福—巴黎(515km)等。

我国与德国合作,采用德国磁悬浮列车技术,于2002年年末在上海修建了一条集交通、观光于一体的磁悬浮列车示范运营线,西起上海地铁二号线龙阳路站南侧,东至浦东国际机场一期航站楼东侧,正线全长29.863km,设计时速和运营时速分别为505km/h和300km/h。磁悬浮列车(见图6-26)由9节车厢组成,一次可乘坐959人,每小时可发12列,最大年运量可达1.5亿人次。乘客仅需7分钟就可从地铁龙阳路站到达浦东国际机场。

图6-26 上海磁悬浮列车

6.5.3 磁悬浮铁路面临的挑战

尽管磁悬浮铁路具有前面所述的种种优点，并且在一些国家里也取得了较大的发展，但磁悬浮铁路并没有出现人们所期望的那种成为主要交通工具的趋势，反而越来越面临着来自其他交通运输方式特别是高速型常规（轮轨黏着式）铁路的强有力的挑战。

首先，磁悬浮铁路的造价十分昂贵。与高速铁路相比，修建磁悬浮铁路费用昂贵。德国认为磁悬浮铁路的造价远远高于高速铁路。根据德国在20世纪80年代初的一项估算认为，修建一条复线磁悬浮铁路每千米的造价约为659万美元，而法国的巴黎至里昂和意大利的罗马至佛罗伦萨的高速铁路每千米的造价分别仅为226万美元和236万美元。磁悬浮铁路所需的投入较大，利润回收期较长，投资的风险系数也较高，因此制约了磁悬浮铁路的发展。

其次，磁悬浮铁路无法利用既有的线路，必须全部重新建设。由于磁悬浮铁路与常规铁路在原理、技术等方面完全不同，因而难以在原有设备的基础上进行利用和改造。高速铁路则不同，可以通过加强路基、改善线路结构、减少弯度和坡度等方面的改造，使某些既有线路或某些区段达到高速铁路的行车标准。

最后，磁悬浮铁路在速度上的优势并没有凸显出来。30多年前，许多人认为轮轨黏着式铁路的极限速度为250km/h，后来又认为是300～380km/h。但是现在，法国的“高速列车”（TGV）、德国的“城际快车”（ICE）和穿越英吉利海峡的“欧洲之星”列车以及日本的新干线，其运行速度都达到或接近300km/h。更何况，即便磁悬浮铁路的行车速度达到450～500km/h，在典型的500km区间内运行，也只比运行速度为300km/h的高速铁路节约0.5h，其优势不是特别明显。

复习思考题

1. 试述普通铁路结构的基本组成。
2. 试述铁路的线路设计。
3. 谈谈你对我国高速铁路发展的看法。
4. 高速铁路在选线和设计上有哪几个关键的技术问题？
5. 城市轨道交通有哪几种方式？城市地下铁道和轨道有什么区别？
6. 试述磁悬浮铁路的工程意义及其优缺点。
7. 谈谈你学习铁路工程概述的心得体会。

第7章　桥梁工程

学习目标

本章通过介绍桥梁工程的基本知识，使学生了解我国桥梁工程的发展现状，掌握桥梁的定义、组成、类别及特点，熟悉桥梁的构造。

7.1　概　述

桥梁是指为公路、铁路管道、渠道等线路提供跨越河流、山谷等通行障碍的架空建筑物。按照跨越障碍的性质不同可将桥梁分为跨河桥、跨谷桥、跨线桥（立体交叉桥）和栈桥等。跨河桥和跨谷桥分别指跨越河流和山谷的桥梁；跨线桥指跨越铁路或公路的桥梁；栈桥是通过城市区、工业区或农作物区，为保留线路通过地段的空间，减少占用耕地，不修路堤而以桥梁通过的桥梁，也称旱桥。

桥梁工程属于结构工程的一个分支学科，主要指桥梁的勘测、设计、施工、养护和鉴定等。与房屋建筑一样，桥梁也是用砖、石、混凝土、钢筋混凝土和各种金属材料建造的结构工程。随着世界各地交通的进步与发展，桥梁建造成为交通建设不可缺少的重要内容。交通建设的发展，对当地创造良好的投资环境，促进周边地域经济的腾飞，有着至关重要的作用。

7.1.1　国内外桥梁发展简介

桥梁的发展大致分为古代、近代和现代三个时期。

古代桥梁在17世纪以前，一般是用木、石等材料建造的，并按建造材料把桥分为石桥和木桥。随着工业革命的兴起，水泥、转炉炼钢技术和混凝土的出现，以及人们对力学理念的研究和发展，桥梁工程得到迅速发展。近代桥梁按建桥材料划分，除木桥、石桥外，还包括铁桥、钢桥、钢筋混凝土桥。20世纪30年代，预应力混凝土和高强度钢材相继出现，材料塑性理论和极限理论的研究，桥梁震动的研究和空气动力学的研究，以及土力学的研究等获得了重大进展。以上研究成果，为节约桥梁建设材料、减轻桥体自重、预计基础下沉度和确定其承载力提供了科学依据。现代桥梁按建桥材料划分主要有钢筋混凝土桥、预应力钢筋混凝土桥和钢桥。

我国造桥历史悠久，中国古代桥梁不但数量惊人，并且种类繁多，几乎包含了所有近代桥梁中的主要形式。早在3000年前我国就有了木梁桥和浮桥，稍后又有了石梁桥。世界公认的悬索桥最早也出现在中国。

我国古代著名的三大名桥，是河北赵县赵州桥、福建泉州万安桥和广东潮州湘子桥。赵州桥（建于公元605—618年）是世界现存最早、跨度最大的空腹式单孔圆弧石拱桥，净跨径达37.02m，桥面净宽9m，拱矢高度7.218m（见图7-1）。万安桥（建于公元1053—1059年）又称洛阳桥，是现今世界上保存下来的长度最长、工程最艰巨的石梁桥。其规模宏伟，原桥长1 200m，宽约4.9m，共47孔，每孔用7根跨度11.8m的石梁组成，采用磐石铺遍桥位江底，最先使用阀形基础，并且创造性地采用养殖海生牡蛎的方法使基础与桥墩胶结成整体。现存桥长834m，残存船型桥墩31座（见图7-2）；湘子桥（建于1170—1192年）又称广济桥，全长517.95m，共20个桥墩19个孔，东西浅滩部分各建一段石桥，中间深水部分用18条浮船组成长达97.3m的开合式浮桥，该桥是世界上活动桥的开端（见图7-3）。

近代的悬索桥和斜拉桥是从古代的藤、索吊桥发展而来的，至今尚保存着的古代吊桥有四川泸定县的大渡桥（1706年）和灌县的安澜竹索桥（1803年）。事实上，我国早在唐朝中期就从用藤索、竹索发展到用铁链造桥。

图7-1 赵州桥

图7-2 万安桥

图7-3 湘子桥

新中国成立后，特别是改革开放以来，我国桥梁建设取得突飞猛进的发展和令世人瞩目的成果。这些成果标志着我国在桥梁建设上的理论分析、设计、施工等技术水平已接近或达到世界先进水平。

1957年，第一座长江大桥——武汉长江大桥建成（见图7-4），在长江上“一桥飞架南北，天堑变通途”，成为我国桥梁史上的一座里程碑。1993年10月竣工通车的杨浦大桥（见

图7-5)为叠合梁斜拉桥,总长为7 654m,跨径为602m,主桥长1 172m。广东虎门大桥(见图7-6)是我国第一长座大型悬索桥,大桥全长4 588m,桥宽32m,也是目前世界上跨度最大的连续钢构桥。2008年5月,世界第一长跨海大桥——杭州湾跨海大桥(见图7-7)正式通车。杭州湾跨海大桥北起嘉兴市海盐郑家埭,跨越杭州湾海域后止于宁波市慈溪水路湾,全长36 000m,是由中国自行投资、自行设计、自行管理、自行建造的特大型“国字号”斜拉索桥。杭州湾跨海大桥的建设创造了多项亚洲和世界建桥记录:大桥深海区上部结构采用70m预应力混凝土箱梁整体预制和海上运架技术,架设运输重量从900t提高到1 430t,顺利完成“世界第一架”;在国内第一次成功实施了“二次张拉技术”,彻底解决了大型混凝土箱梁早期开裂的世界性难题;采用整桩螺旋钢管桩,单桩最大长度89m,在国内外桥梁钢管桩中位居第一;在滩涂区浅层区,采用可控制放气的钻孔灌注桩,这一施工工艺在世界同类地理条件中尚属首创。2008年7月,全长32 400m苏通大桥(见图7-8)建成通车,这是一座大型双塔双索链钢箱斜拉桥,最大跨径达到1 088m。

图7-4 武汉长江大桥

图7-5 杨浦大桥

图7-6 虎门大桥

图7-7 杭州湾跨海大桥

图7-8 苏通大桥

尽管我国古代和现代桥梁建设创造了辉煌的成就，但由于历史原因，我国近代桥梁建设明显落后于世界发达国家。英国福斯铁路桥（见图 7-9）建成于 1809 年，是世界上第一座钢铁桥，该桥主跨达 521.2m，总长 1 620m，支承处桁高达 110m。该桥被认为是近现代桥梁史上的一个重要里程碑，至今仍在使用之中，是名副其实的百年大桥。跨径 549m 的加拿大魁北克省公路铁路两用桥建于 1900—1917 年，是当时世界上最长的钢悬臂桁梁桥。

图 7-9 英国福斯铁路桥

现代桥梁建设在世界其他国家也有较快发展。1943 年瑞典建成跨径为 264m、矢高近 40m 的桑德拱桥，该桥由钢筋混凝土材料建造。1966 年建成的法国奥莱隆桥，是一座预应力混凝土连梁高架桥，共有 26 孔，每孔跨径为 79m。1982 年建成的美国休斯敦船槽桥，是一座中跨 229m 的预应力混凝土连续梁高架桥，用平衡悬臂法施工。1964 年联邦德国在科布伦茨建成了悬臂梁桥——本多夫桥，其主跨为 209m。1960 年建成的联邦德国芒法尔河谷桥，总跨径为 288m，是世界上第一座预应力混凝土桁架桥。1966 年，苏联建成一座预应力混凝土桁架式连续桥，跨径为 106m＋3×166m＋106m，采用浮运法施工。1957 年建成的法国图卢兹的圣米歇尔桥，是一座预应力混凝土刚架桥。1974 年建成的法国波诺姆桥，主跨径为 186.25m，是预应力混凝土刚架桥。1963 年建成的比利时根特的梅勒尔贝克桥和玛丽亚凯克桥，主跨径分别为 56m 和 100m，是预应力钢筋混凝土吊桥。

由于斜拉桥能减少梁高，且能提高桥的抗风和抗扭转振动性能，并可利用拉索安装主梁，有利于跨越大河，因而应用广泛。1962 年建成的委内瑞拉的马拉开波湖桥（见图 7-10）是世界第一座公路预应力混凝土斜拉桥，全长 8 700m，5 个通航孔跨度均为 235m，采用预应力混凝土斜拉悬臂加挂梁结构。1977 年法国建造的塞纳河布罗东纳桥，主跨达 320m。1959 年联邦德国建成的科隆钢斜拉桥，主跨为 334m。于 1999 年竣工的日本多多罗大桥（见图 7-11）跨度达 890m。

钢板梁和箱形钢梁同混凝土相结合的桥型，以及把正交异性板桥面同箱形钢梁相结合的桥型，在大、中跨径的桥梁上广泛运用。1951 年联邦德国建成的杜塞尔多夫至诺伊斯桥，是一座正交异性板桥面箱形梁，跨径 206m。1972 年意大利建成的司法拉沙桥，跨径达376m，是世界上跨径最大的钢斜腿刚架桥之一。1966年美国完工的俄勒冈州阿斯托利亚桥，是一座连续钢桁架桥，跨径376m。1972年日本建成的大阪港大桥为悬臂梁钢桥，桥长980m，由235m的锚孔和162m的悬臂和186m的悬孔所组成。1966年英国建成赛文吊桥，主孔跨径为985m。这座桥根据风洞实验，首次采用梭形正交异性板箱形加劲梁。1980年英国完工的恒比尔吊桥，主跨为1 410m，也采用梭形正交异性板箱形加劲梁，梁高只有3m。

图7-10　马拉开波湖桥

图7-11　日本多多罗大桥

美国是修建悬索桥最早、最多的国家，早在1937年就修建了跨度达1 280m的金门桥（见图7-12）。

图7-12　金门桥

7.1.2　桥梁工程的发展前景

对于中国来说，国道主干线同江至三亚就有5个跨海工程，即渤海湾跨海工程、长江口跨海工程、杭州湾跨海工程、珠江口伶仃洋跨海工程以及琼州海峡跨海工程。其中，难度最大的是渤海湾跨海工程，海峡宽57km，建成后将成为世界上最长的桥梁；琼州海峡跨海工程，海峡宽20km，水深40m，海床以下130m未见基岩，常年受到台风、海浪频繁侵蚀。此外，还有舟山大陆连岛工程、青岛至黄岛以及长江、珠江、黄河等众多的桥梁工程。在世界范围内，正在修建的著名大桥有土耳其依兹米特海湾大桥（悬索桥，总跨径

1 668m)；已获批准修建的意大利与西西里岛之间的墨西拿海峡大桥，是主跨 3 300m 的悬索桥，寿命按 200 年标准设计，主塔高 376m，桥面宽 60m，主缆直径 1.24m，估计造价 45 亿美元。在西班牙与摩洛哥之间，跨直布罗陀海峡桥也提出了修建大跨度悬索桥的方案，一个方案是包含两个 5 000m 的连续中跨及两个 2 000m 的边跨，基础深约 300m；另一个方案是修建三跨 3 100m＋8 400m＋4 700m 巨型斜拉桥，基础深约 300m，较高的一个塔高达 1 250m，较低的一个塔高达 850m。这个方案需要高级复合材料才能修建，而不是现今使用广泛的钢和混凝土。

从对国内外桥梁建设发展的研究可以看出，桥梁工程的发展具有以下特点：

(1)桥梁跨径向大跨度方向发展

为满足经济发展和社会进步的要求，需要建造大量承载力更大、跨径和总长更长的跨海、跨江大桥。在具有一定承载能力条件下，跨越能力仍然是反映桥梁技术水平的主要指标。在建造承载能力和跨越能力更大的桥梁时，需要扎实的理论基础、先进的施工技术、轻质高强的材料，其挑战性更强，但是也有更大的吸引力。

(2)桥梁形式和构造呈多样化发展

20 世纪五六十年代，桥梁技术经历了一次飞跃：混凝土梁桥悬臂平衡施工法、顶推法和拱桥无支架方法的出现，极大地提高了混凝土桥梁的竞争能力；斜拉桥的涌现和崛起，展示了桥梁丰富多彩的内容和强大的生命力；悬索桥采用钢箱加劲梁，技术上实现了新的突破；日本采用一种受力介于斜拉桥和连续梁桥之间的桥梁结构形式；我国的黄河铁路大桥采用整体节点技术等。所有这些都使得桥梁形式和构造呈现出了多样化发展的特点。

(3)桥梁设计理论更加完善、合理

20 世纪 70 年代以来，国际上开始逐步以结构可靠性理论为基础，采用分项安全系数表达的极限状态设计法，使得设计理论更加合理。

(4)计算机技术在桥梁建设中的应用更加广泛

桥梁的结构分析、图形绘制、结构优化、专家系统、工程数据库、桥梁健康检测等部分都可以采用计算机程序来完成，大大加快了桥梁结构问题的处理速度和计算精度，提高了桥梁结构的建设质量。

(5)材料向高强、轻质、新功能方向发展

工程材料的进步对桥梁的发展起到重要的推动作用。对高强材料的研究是世界各国都很重视的课题，高强钢筋的屈服点达 600～700MPa，抗拉强度高达 800～900MPa。轻质材料的应用对增加桥梁的跨越能力有明显作用，轻质混凝土在桥梁建筑中亦时有应用。

(6)施工方法丰富先进

悬臂施工法中悬拼的运用有所增加。各节段间带有齿槛、涂环氧，使得连接良好，并增强抗剪能力，可缩短工期，加快施工进度。顶推施工法不仅用于直线梁，而且用于曲线梁。箱梁几何尺寸、浇筑平台的模板系统大为复杂，为顶推法提供了新的经验。逐跨拼装法在国内外也得到较多的应用。

7.2　桥梁的分类

桥梁形式很多，可根据其受力和结构特征进行分类，也可按照用途或桥梁大小进行分类。下面逐项进行介绍。

7.2.1　梁式桥

(1)梁式桥概念

梁式桥简称梁桥。梁式桥及上部结构在铅垂作用下，支点只产生竖向反力，梁式桥为桥梁的基本形式之一，制造和架设均比较方便，使用广泛，在桥梁建筑中占有很大比例。梁式桥结构组成如图7－13所示。

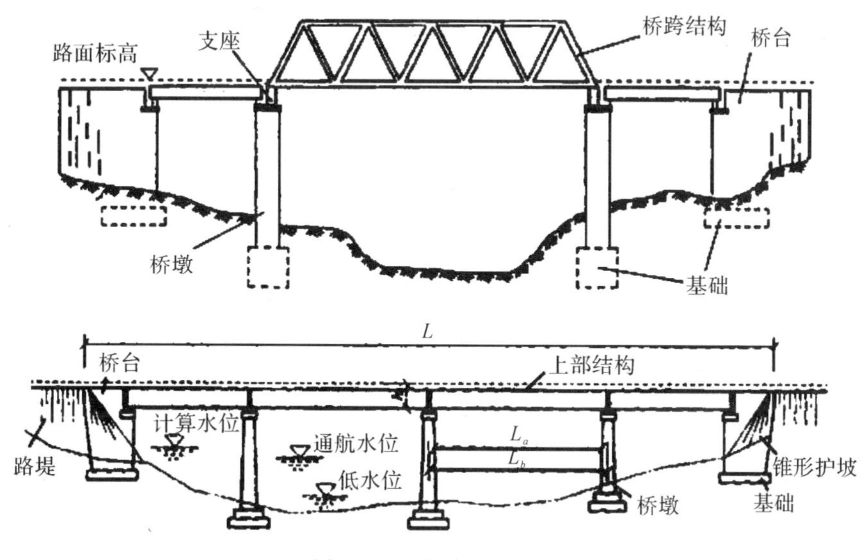

图7－13　梁式桥的组成

(2)梁式桥分类

1)按上部结构材料分，有木梁桥、石梁桥、钢梁桥、钢筋混凝土梁桥、预应力混凝土梁桥以及用钢筋混凝土桥面板和钢梁构成的结合梁桥。木梁桥和石梁桥只用于小桥，钢筋混凝土梁桥用于中桥、小桥，钢梁桥和预应力混凝土梁桥用于大、中桥。

2)按主要承重结构的形式分，有实腹梁桥和桁架梁桥两大类。这两种梁式桥的受力性质不同，实腹梁桥以用于预应力混凝土桥为主，而桁架桥梁桥则多用于钢桥。实腹梁桥的构造简单，制造与架设均较方便。

3)按上部结构的静力体系分，主要有简支梁桥、连续梁桥和悬臂梁桥。

①简支梁桥。如图7－14所示，主梁简支在墩台上，各孔独立工作，不受墩台变位影响。实腹式主梁构造简单，设计简便，施工时可用自行式架桥机或联合架桥机将一片主梁一次架设成功。简支梁桥随着跨径增大，主梁内力将急剧增大，用料便相应增多，因而大跨径桥一般不用简支梁。

②连续梁桥。如图7－15所示，主梁是连续支承在几个桥墩上。在荷载作用下，连续梁

(a)简支梁桥图片

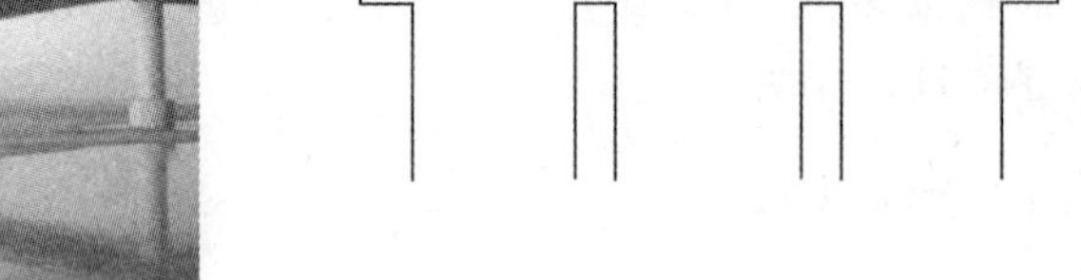
(b)简支梁桥结构简图

图 7-14 钢筋混凝土简支梁桥

桥主梁内有正弯矩和负弯矩，但弯矩的绝对值均较同跨径的简支梁桥小。连续梁桥施工时，可以先将主梁逐孔架设成简支梁，然后互相连接成为连续梁，或者从墩台上逐段悬伸加长，最后连接成为连续梁。由于连续梁桥的主梁是超静定结构，墩台的不均匀沉降会引起梁体各孔发生变化，因此，连续梁一般用于地基条件较好、跨径较大的桥梁上。

(a)连续梁桥图片

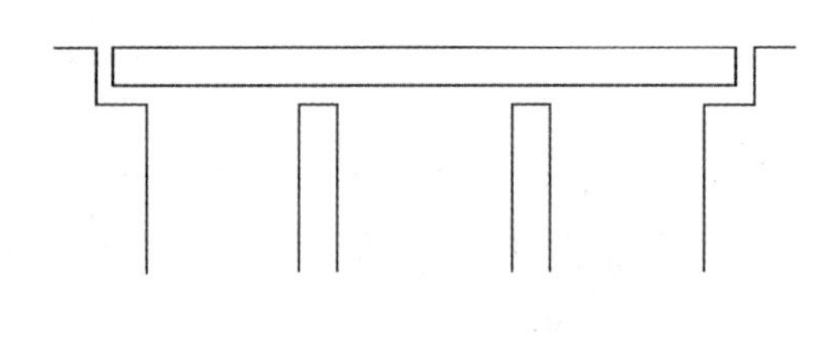
(b)连续梁支梁结构简图

图 7-15 钢筋混凝土连续梁桥

③悬臂梁桥。悬臂梁桥又称伸臂梁桥，如图 7-16 所示，悬臂梁桥是以一端或两端向外自由悬出的简支梁作为上部结构主要承重构件的桥梁，有单悬臂梁和双悬臂梁两种。单悬臂梁是简支梁的一端从支点伸出以支承一孔吊梁的体系，双悬臂梁是简支梁的两端从支点生出形成两个悬臂的体系。

(a)悬臂梁桥图片

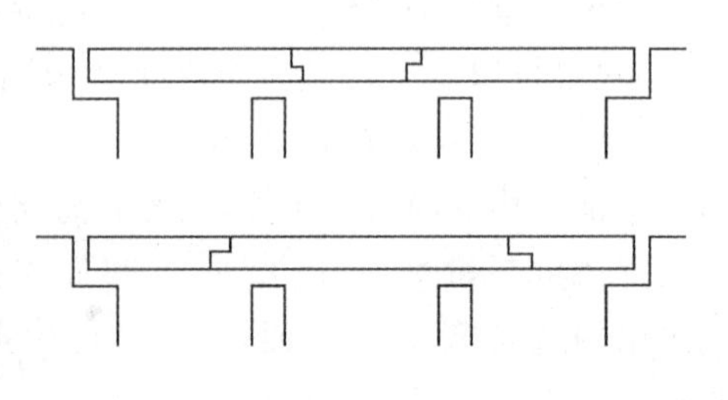
(b)悬臂梁桥结构简图

图 7-16 悬臂梁桥

(3)著名梁桥举例

中国最大跨度的预应力混凝土简支梁桥是1988年建成的飞云江桥(见图7－17)。该桥位于浙江省瑞安县,全长1 720m,分跨为18×51m＋5×62m＋14×35m,最大跨度62m,梁高2.8m,高跨比1/21.5,桥面宽13m,有五片主梁构成,翼缘宽2.5m。国内跨度最大的预应力混凝土连续箱梁桥是1991年竣工的六库怒江桥(见图7－18),该桥位于云南省怒江傈僳族自治州六库(跨怒江),全长337.52m,是三跨变截面箱形梁,分跨为85m＋154m＋85m,箱梁为单箱单室截面,箱宽5.0m,两侧各挑出伸臂2.5m,支点处梁高8.5m,跨中梁高2.8m。

图7－17　飞云江桥

图7－18　六库怒江桥

7.2.2　拱式桥

(1)拱式桥概念

拱式桥简称拱桥,是用拱作为桥身主要承重结构的桥,其受力如图7－19所示(图中l为拱桥跨度,f拱桥矢高)。因拱桥主要承受压力,故可用砖、石、混凝土等抗压性能良好的材料建造,大跨度拱桥则可用钢筋混凝土或钢材建造。

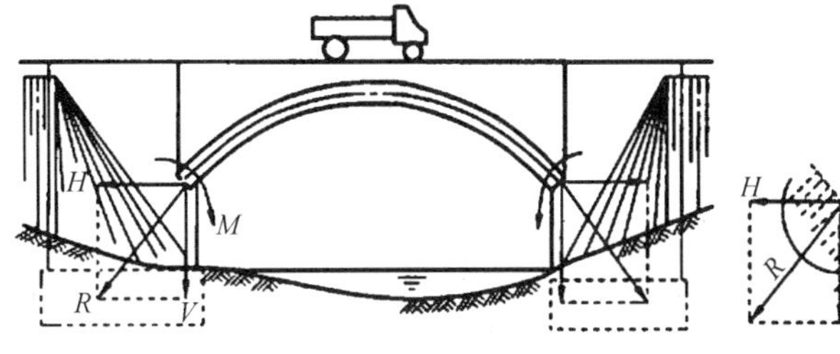

(a)桥跨给两侧桥台的反力(竖向力和水平推力)

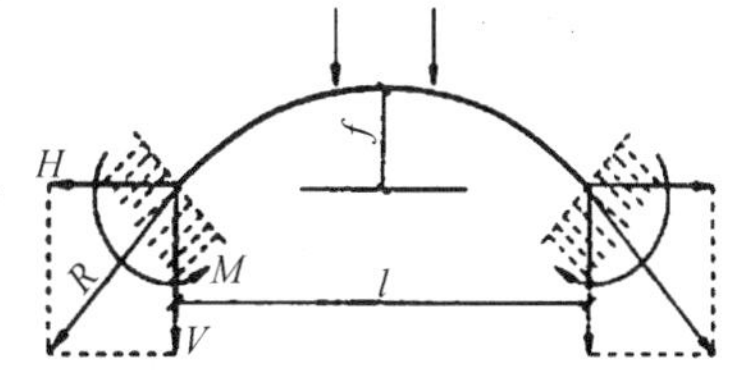

(b)移动荷载作用下的受力计算简图

图7－19　拱式桥受力分析

拱桥为桥梁的基本形式之一,建筑历史悠久,外形优美,古今中外名桥遍布,在桥梁建筑史中占有重要的地位,常被工程师用于大、中、小跨公路或铁路桥,尤其是跨越峡谷桥。

拱桥与梁桥不仅外形上不同,在受力性能上也有着本质的区别,梁桥在竖向荷载作用下,梁体内主要产生弯矩,且在支承处仅产生竖向反力,而拱桥在竖向荷载作用下,支承处不仅有竖向反力,还有水平推力,由于水平推力的存在,拱体内的弯矩大幅度减小。

(2)拱桥的分类

1)按拱圈受力分,有推力式拱桥、无推力式拱桥。

2)按拱圈(肋)结构的材料分,有石拱桥、钢拱桥、混凝土拱桥、钢筋混凝土拱桥。

3)按拱圈结构的静力图示分,有无铰拱桥、两铰拱桥、三铰拱桥,如图 7-20 所示。

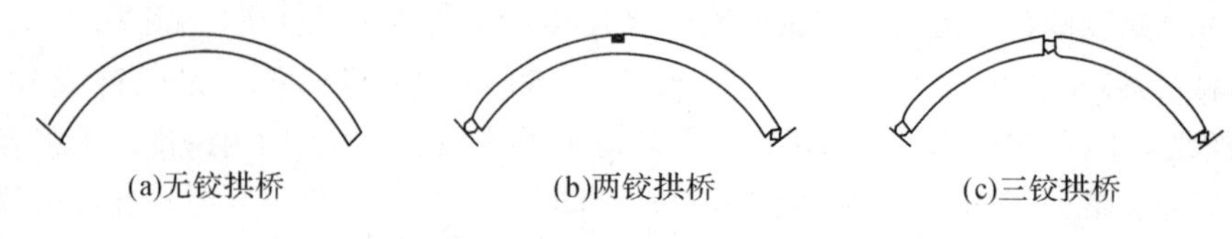

图 7-20 拱桥的静力图示

①无铰拱桥属三次超静定结构,结构最为刚劲,变形小,是拱桥中普遍采用的形式。无铰拱桥的拱圈两端固结于桥台或桥墩,比有铰拱桥经济,但桥台位移、温度变化或混凝土收缩等因素对拱圈的受力,会产生不利影响,因而,修建无铰拱桥要求有坚实的地基基础。

②两铰拱桥属于超静定结构,取消了拱顶铰,在拱圈两端设置可转动的铰支承,铰可允许拱圈在两端有少量转动的可能,结构虽不如无铰拱桥刚劲,但可减弱桥台位移等因素的不利影响。

③三铰拱桥属于静定结构,是在两铰拱顶再增设一铰,结构刚度差,但可避免各种因素对拱圈受力的不利影响。

4)按行车道位置分,有上承式拱桥、中承式拱桥、下承式拱桥。如图 7-21 所示。

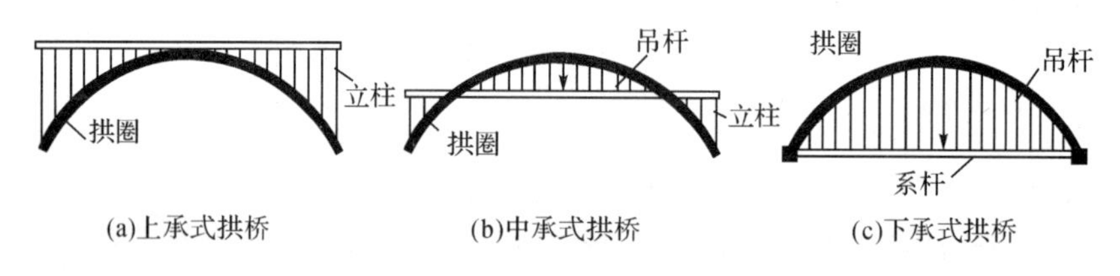

图 7-21 拱桥按行车道位置的分类

①上承式拱桥。桥面在拱肋的上方,主要用于峡谷和桥面标高较高的桥梁。

②中承式拱桥。桥面一部分在拱肋的上方,一部分在其下方。

③下承式拱桥。桥面在拱肋的下方。下承式或中承式拱桥一般是在桥梁建筑高度受到限制时考虑,其拱圈只能使用内拱形式。

(3)著名拱桥举例

重庆朝天门长江大桥(见图 7-22)于 2009 年 4 月建成通车,该桥长 1 741m,是三跨连续中承式钢桁系杆拱桥,双层设计,上层为双向六车道,下层为双向轻轨和两个预留车道,主桥采用大吨位球形铸钢铰支座的支承体系,中间支座最大承载力达 145 000t,是目前国内所采用的承载力最大的支座。重庆朝天门长江大桥主跨达 552m,成为“世界第一长拱桥”。

图 7-22 重庆朝天门长江大桥

湖北省沪蓉西高速公路支井河特大桥于2009年10月建成通车，如图7－23所示。支井河特大桥为全长545.54m，主跨为430m的上承式钢管拱桥，为目前世界同类型桥梁跨度之最。大桥跨越宽500m、深1000m的V形峡谷，桥面与谷底相对高差300m，两岸均为悬崖峭壁，桥隧相接，交通运输条件之恶劣，工程难度之艰巨，科技含量之高，为国内山区桥梁建设之最。

图7－23 支井河特大桥

7.2.3 刚架桥

(1)刚架桥的概念

刚架桥也称刚构桥，是上部结构和下部结构连成整体的框架结构。根据基础连接条件不同，刚架桥分为有铰和无铰两种。刚架桥结构是超静定体系，在垂直荷载作用下，框架底部除了产生竖向反力外，还产生力矩和水平反力。

(2)刚架桥的分类

常见的刚架桥有门式刚架桥、T形刚架桥、连续刚架桥和斜腿刚架桥等，如图7－24所示。

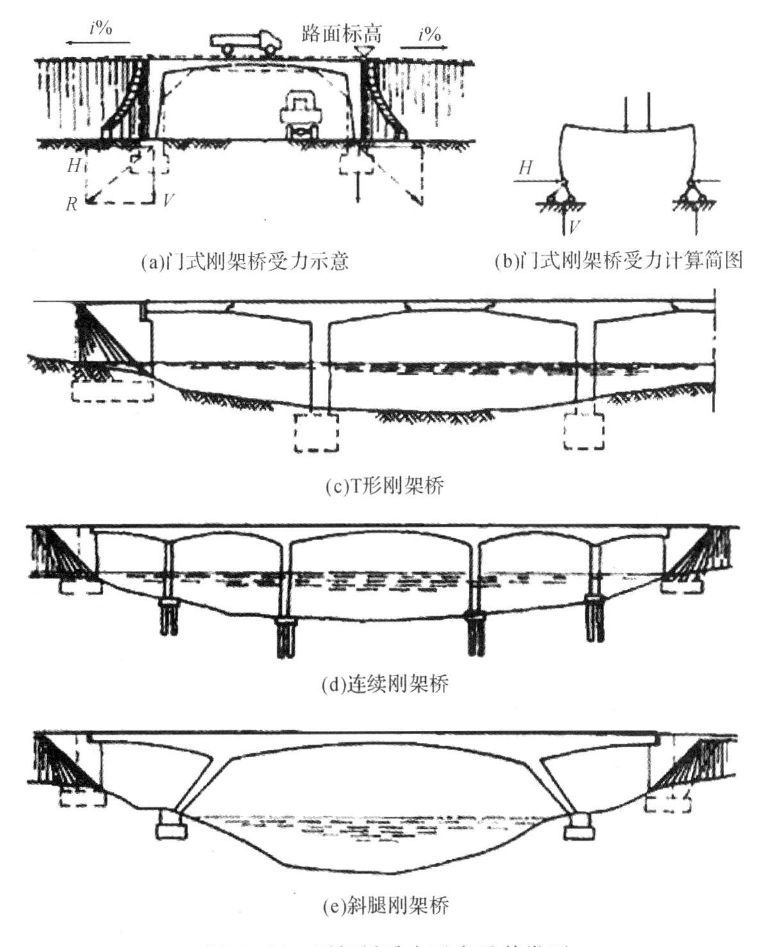

图7－24 刚架桥受力示意及其类型

门式刚架桥，简称门架桥，其腿和梁垂直相交呈门架形。腿所受的弯矩将随腿和梁的刚度比率的提高而增大。用钢或钢筋混凝土制造的门架桥，多用于跨线桥。至于T形刚架桥（特点是在跨中有铰）及连续刚架桥，其外形与多跨的门架桥相近，但内力分布规则不同。

斜腿刚架桥的钢架腿是斜置的，两腿和梁中部的轴线大致呈拱形，腿和梁所受的弯矩比同跨度的门式刚架桥显著减小，而轴向压力有所增加，同上承式拱桥相比，这种桥不需要拱上结构，构件数目较少，当桥面较窄（单线铁路桥）而跨度较大时，可将其斜腿在桥的横向放坡，以保证桥的横向稳定。

图7-25 虎门辅航道桥（连续刚架桥）

（3）著名刚架桥举例

预应力混凝土结构的刚架桥，简称PC刚架桥，应用较普遍，截至2009年年底，世界已建成的跨度大于240m的PC刚架桥达20座，中国占8座。我国著名的刚架桥有1997年建成的虎门大桥辅航道桥（主跨270m，见图7-25），1995年建成的黄石长江大桥（主跨245m，见图7-26），重庆黄花园大桥（主跨250m），贵州六广河大桥（主跨240m），泸州长江二桥（主跨252m）等。

图7-26 黄石长江大桥

7.2.4 斜拉桥

（1）斜拉桥的概念

斜拉桥又称斜张桥，是将主梁由许多拉索直接拉在桥塔上的一种桥梁，如图7-27所示，斜拉桥由塔柱、主梁、斜拉索组成。斜拉桥可看作是拉锁代替支墩的，多跨弹性支承连续梁桥，可使梁体内弯矩减小，降低建筑高度，减轻结构重量，节省材料。斜拉桥根据纵向斜拉索布置有辐射式、竖琴式、扇形和星形等形式。

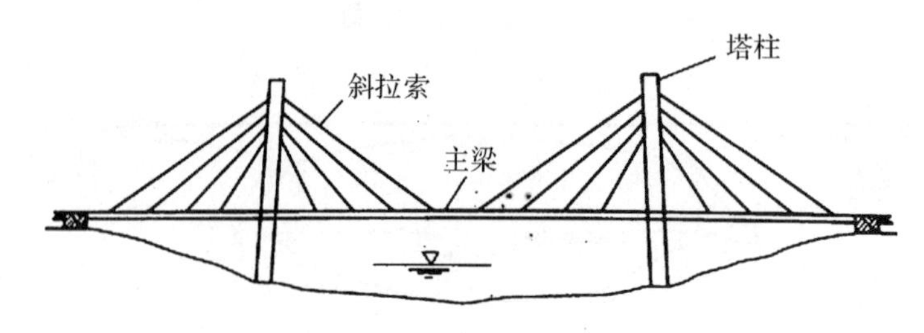

图7-27 斜拉桥结构简图

(2)斜拉桥的受力特点

斜拉桥承受的主要荷载并非它上面的车辆，而是主梁自重，索塔两侧是对称的斜拉索，通过斜拉索将索塔主梁连接在一起，假设索塔两侧只有两根斜拉索，左右对称各一条，这两根斜拉索受到主梁的重力作用，对索塔产生两个对称的沿着斜拉索方向的拉力。根据受力分析，左右边斜拉索水平向分力大小相等，方向相反，互相抵消了，而垂直分力大小相等，方向相同，使主梁的重力成为对索塔柱竖直向下的两个分力，最终又传给索塔下面的桥墩，斜拉索数量之所以很多，是为了分散主梁带给斜拉索的力。

(3)著名斜拉桥举例

世界上第一座现代斜拉桥始建于1955年的瑞典，跨径为182m，目前世界上建成的最大跨径斜拉桥为2008年建成的中国苏通长江大桥(主跨1 088m，见图7-28)，1999年日本建成的多多罗大桥(主跨890m，见图7-29)也非常具有特色。

图7-28　苏通长江大桥

图7-29　日本多多罗大桥

目前我国已建成各种类型的斜拉桥100多座，其中有52座跨径大于200m。我国在总结加拿大安纳西斯桥的经验基础上，于1991年建成上海南浦大桥(主跨为423m的结合梁斜拉桥)，开创了我国修建跨径400m以上大跨度斜拉桥的先河。我国已成为拥有斜拉桥最多的国家，在世界十大著名斜拉桥排行榜上，中国有 8 座(见表 7－1)。

表 7－1 斜拉桥世界排名

序号	桥名	主跨跨径	建成时间	所在地
1	苏通长江大桥	1 088m	2008 年	中国江苏
2	昂船洲大桥	1 018m	2008 年	中国香港
3	鄂东长江大桥	926m	2010 年	中国湖北
4	多多罗大桥	890m	1999 年	日本
5	诺曼底大桥	856m	1995 年	法国
6	南京第三长江大桥	648m	2005 年	中国江苏
7	南京第二长江大桥	628m	2001 年	中国江苏
8	白沙洲长江大桥	618m	2000 年	中国湖北
9	青州闽江大桥	605m	2001 年	中国福建
10	杨浦大桥	602m	1993 年	中国上海

7.2.5 悬索桥

(1)悬索桥的概念

悬索桥也称吊桥，主要承重结构由缆索(包括吊杆)、塔和锚碇三者组成，如图 7－30 所示。悬索桥缆索的几何形状由力的平衡条件决定，一般接近抛物线，从缆索垂下许多吊杆，把桥面板吊住。在桥面和吊杆之间，常设置加劲梁，同缆索形成组合体系，以减小荷载所引起的挠度变形。现代悬索桥，是由索桥演变而来，以大跨度及特大跨度公路桥为主，是当今跨径超过 1 000m 的首选桥型，如用自重轻、强度很大的碳纤维做主缆，理论上其极限跨径可超过 8 000m。

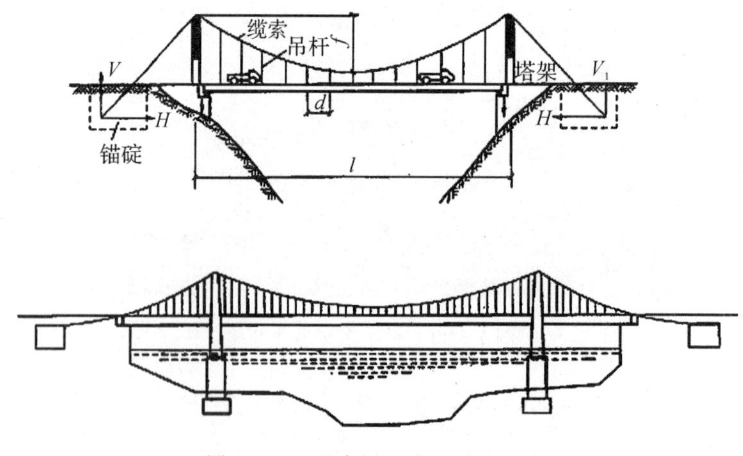

图 7－30 悬索桥组成及受力示意

(2)悬索桥的发展简况

20世纪三四十年代,中国开始采用钢丝缆绳修建悬索桥。1940年建成的缅甸公路昌淦澜沧江桥(主跨135m),用轻型钢桁架做加劲梁。1948年在云南建成的继成桥,为主跨度140m的柔式悬索桥。1951年在四川泸定建成大渡河新桥(跨径130m),其后30多年间,曾建成一批悬索桥,较著名的是1969年在重庆建成的朝阳桥(主跨186m),1984年建成的西藏达孜桥(跨径达到500m),20世纪90年代的交通建设高潮使中国迎来了建造现代大跨度悬索桥的新时期。1999年建成的江阴长江大桥(主跨1 385m),使我国悬索桥建设达到了世界水平。

(3)著名悬索桥举例

世界上在建的跨度最大的桥梁是意大利的墨西拿海峡大桥,如图7－31所示,该大桥预计2016年竣工,建成后的墨西拿海峡大桥,将以最短距离连接西西里岛和亚平宁半岛上的卡拉布里亚区,火车、汽车通过海峡仅需3分钟,该桥主跨3 300m。目前世界上第一悬索大桥是1998年建成的日本明石海峡大桥(主跨1 991m,如图7－32所示)。

图7－31　意大利墨西拿海峡大桥效果

图7－32　日本明石海峡大桥

在世界十大悬索桥排名中,中国占有5座,见表7－2。2009年建成的舟山西堠门大桥(主跨1 650m,如图7－33所示),是连接舟山本岛与宁波的舟山连岛工程五座跨海大桥中技术要求最高的特大型跨海桥梁,主桥为两跨连续钢箱梁悬索桥,是目前世界上最大跨度的钢箱梁悬索桥，全长在悬索桥中居世界第二、国内第一，但钢箱梁悬索桥长度为世界第一。其设计通航等级3万吨，使用年限100年。

图7-33　浙江舟山西堠门大桥

表7-2　悬索桥世界排名(截至2009年)

序号	桥名	主跨跨径	建成时间	所在地
1	明石海峡大桥	1 991m	1998年	日本
2	舟山西堠门大桥	1 650m	2009年	中国浙江
3	大带桥	1 624m	1998年	丹麦
4	润扬长江大桥	1 490m	2005年	中国江苏
5	亨伯尔桥	1 410m	1981年	英国
6	江阴长江大桥	1 385m	1999年	中国江苏
7	青马大桥	1 377m	1997年	中国香港
8	韦拉扎诺桥	1 298m	1964年	美国
9	金门大桥	1 280m	1937年	美国
10	阳逻长江大桥	1 280m	2007年	中国湖北

润扬长江大桥跨江连岛，北起扬州，南接镇江，全长35.66km，2005年建成通车。润扬长江大桥是长江三角洲地区重要的路网枢纽，该桥梁由南汊悬索桥和北汊悬索桥组成，南汊悬索桥的主桥是钢箱梁悬索桥，索塔高209.9m，两根主缆直径为0.868m，跨径布置为470m+1490m+470m，北汊桥是双塔双索面钢箱梁斜拉桥，跨径布置为175.4m+406m+175.4m，倒Y形索塔高146.9m如图7-34所示。

图7-34　江苏润扬长江大桥

7.2.6　组合体系桥

组合体系桥的主要承重结构采用两种独立结构体系组合而成，如拱和梁的组合，梁和桁架的组合，悬索和梁的组合等。组合体系可以是静定结构，也可以是超静定结构，可以是无推力结构，也可以是有推力结构，结构构件可以由同一种材料也可以由不同材料制成。

组合体系桥的设计目的在于充分利用各种形式桥的受力特点，发挥其优越性，建造出符合要求、外观美丽的桥梁，常用的组合结构形式有以下几种。

(1)拱、梁组合体系桥

1)单跨无推力结构。如系杆拱(即刚性拱和柔性拉杆的组合)、刚梁柔拱(又称朗格尔梁，为奥地利朗格尔所创)、刚梁刚拱(又称洛泽梁，为德国H.洛泽所创)。

2)较复杂的拱、梁体系。为多跨布置的无推力或有推力的结构体系，如1983年建成的中国台湾地区的关渡桥(主跨165m)，为五孔连续中承式拱梁组合体系公路桥，如图7-35所示。

图7-35　台湾关渡桥

(2)梁、桁架组合体系

拱梁组合体系以钢结构较多，桥面荷载直接作用在弦杆上，此即梁和桁架组合的雏形。苏联在1948年建成一座跨度66m的下承式梁和桁架组合体系的铁路桥。

(3)索、梁组合体系

如有加劲梁的悬索桥(如布鲁克林桥)和斜拉桥(如南浦大桥、杨浦大桥)均属此类体系。杨浦大桥 1993 年 9 月建成通车,总长 7 654m,主桥长 1 172m(主孔跨径 602m),宽 30.35m,共设 6 车道,为双塔双索面叠合梁斜拉桥,如图 7-36 所示。

图 7-36　杨浦大桥

7.3　桥梁的构造

7.3.1　桥梁的基本组成

传统中,桥梁一般由桥跨结构、支座、墩台、基础附属工程等部分组成,如图 7-37 所示。此外,桥梁还有一些附属设施,包括桥面铺装,排水防水系统,栏杆(或防撞栏杆)、伸缩缝及灯光照明灯。随着大型桥梁的增多,结构先进性和复杂性的提高,对桥梁使用品质的要求越来越高,现在通常认为桥梁由"五大部件"与"五小部件"组成。

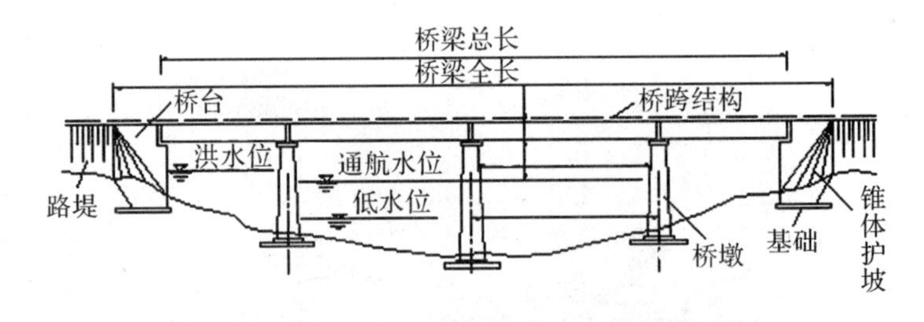

图 7-37　梁桥的基本结构

(1)五大部件

"五大部件"是指桥梁承受汽车或其他运输车辆荷载的桥跨上部结构与下部结构,它们必须通过承受荷载的计算与分析,是桥梁结构安全性的保证。五大部件由以下部分组成:

1)桥跨结构。也称上部结构(或桥孔结构),指路线遇到障碍(如江河、山谷或其他路线等)时的跨越结构物。

2)支座系统。支撑上部结构并传递荷载到桥梁墩台上,应保证上部结构预计的在荷载温度变化或其他因素作用下的位移功能。

3)桥墩。是在河中或岸上支撑两侧桥跨上部结构的建筑物。

4)桥台。设在桥的两端：一端与路堤相接，并防止路堤垮塌，另一端则支撑桥跨上部结构的端部。为保护桥台和路堤填土，桥台两侧常做一些防护工程。

5)墩台基础。是保证桥梁墩台安全并将荷载传至地基的结构。基础工程在整个桥梁工程施工中是比较困难的部分，而且常常需要在水中施工，因而遇到的问题也很复杂。

“五大部件”中前两个部件是桥跨上部结构，后三个部件是桥跨下部结构。

(2)五小部件

“五小部件”指与桥梁服务功能有关的部件，过去总称为桥面构造，具体包括以下几项：

1)桥面铺装(或称行车道铺装)。桥面铺装的平整、耐磨性、不翘曲、不渗水是保证行车舒适的关键，特别是在钢箱梁上铺设沥青路面时，其技术要求甚严。

2)排水防水系统。能迅速排除桥面积水，并使渗水的可能性降至最小。城市桥梁排水系统应保证桥下无积水和结构上无漏水现象。

3)栏杆(或防撞栏杆)。它既是保证安全的构造措施，又是有利于观赏的最佳装饰。

4)伸缩缝。伸缩缝是桥跨上部结构之间或桥跨上部结构与桥台端墙之间所设的缝隙，用以保证结构在各种因素作用下的变位。为使行车顺适、不颠簸，桥面上要设置伸缩缝构造。

5)灯光照明。现代城市中，大跨度桥梁通常是一个城市的标志性建筑，大多装置了灯光照明系统，构成了城市夜景的重要组成部分。

河流中的水位是变动的，枯水季节的最低水位称为低水位，洪峰季节的最高水位称为高水位。桥梁设计中按规定的设计洪水频率计算所得的高水位(很多情况下是推算水位)，称为设计水位。在各级航道中，能保持船舶正常航行时的水位，称为通航水位。

7.3.2 桥面构造

(1)桥面组成与布置

1)桥面组成

钢筋混凝土桥和预应力混凝土桥的桥面部分通常包括桥面铺装、防水和排水设施、伸缩缝、人行道(或安全带)、栏杆等构造(见图7-38)。

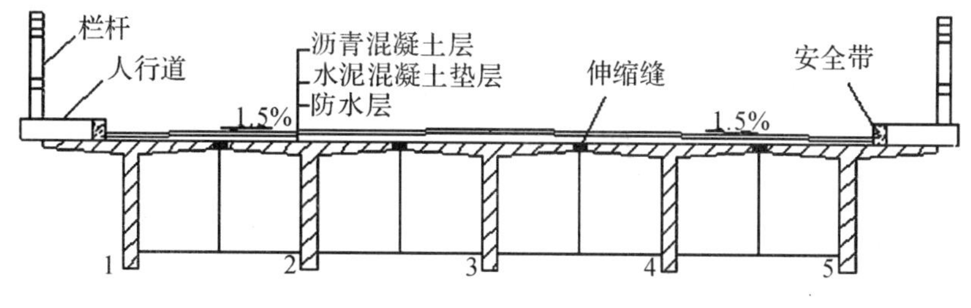

图7-38 桥面的基本组成

2)桥面布置

桥面布置应在桥梁的总体设计中考虑，根据道路的等级、桥梁宽度、行车要求等条件确定。桥面的布置方式主要有双向车道布置、分车道布置和双层桥面布置。

①双向车道布置。指行车道的上、下行交通布置在同一桥面上。在桥面上，上、下行交

通由画线分隔,没有明显界限。桥梁上也允许机动车与非机动车同时通过,也同样采用画线分隔。

②分车道布置。行车道的上、下行交通,在桥梁上按分隔设置进行布置,因而上、下行交通互不干扰,可提高行车速度,便于交通管理。

③双层桥面布置。双层桥面布置即桥梁结构在空间上可提供两个不在同一平面上的桥面构造。双层桥面布置可以使不同的交通严格分道行驶,提高了车辆和行人的通行能力,便于交通管理。同时,在满足同样交通要求时,可以充分利用桥梁净空,减小桥梁宽度,缩短引桥长度,达到较好的经济效益。

(2)桥面铺装及排水系统

1)桥面铺装

桥面铺装也称行车道铺装,其功用是保护行车道板结构不受车辆轮胎(或履带)的直接磨耗,防止主梁遭受雨水的侵蚀,并能对车辆轮重的集中荷载起一定的分散作用。桥面铺装部分在桥梁荷载中占有相当的比重,对于小跨径桥梁尤为显著,故应尽量设法减轻铺装的重量。

桥面铺装可采用水泥混凝土、沥青表面处治和沥青混凝土等各种类型。沥青表面处治桥面铺装,耐久性较差,仅在中级或低级公路桥梁中使用。水泥混凝土和沥青混凝土桥面铺装性能良好,应用较广。如果桥面铺装采用水泥混凝土,其强度等级不应低于桥面板混凝土的强度等级,并在施工中确保铺装层与桥面板紧密结合成整体,则铺装层的混凝土(扣除作为车轮磨损的部分,厚1～2cm)也可计在桥面板内一起参与工作,以充分发挥这部分材料的作用。

桥梁有关规范要求,对于防水程度要求高,或桥面板位于结构受拉区而可能出现裂纹的混凝土梁式桥,应在铺装内设置防水层。无专门防水层时,应采用防水混凝土铺装或加强排水和养护。

防水层一般紧贴三角垫层或调平层设置,其上铺设混凝土或沥青表面处治,一般由沥青、高分子聚合物、沥青卷材等材料构成。设计时应选用便于施工、坚固耐久、质量稳定的防水材料。

2)排水系统

在寒冷地区,水分渗入混凝土微细裂纹所成的孔隙内,结冰时会导致混凝土的冻胀破坏,同时,水分侵袭钢筋也会使其锈蚀。因此,为防止雨水滞积于桥面并渗入梁体而影响桥梁的耐久性,除在桥面铺装内设置防水层外,还应引导桥上的雨水迅速排至桥外。

排除桥面雨水,可以通过设置桥梁纵向坡度、横向坡度和泄水管实现。桥梁纵、横坡度的设置和道路横坡设置要求基本类似。泄水管一般采用铸铁管或塑料管,泄水管口圆形或矩形,一般采用圆形泄水管。

(3)桥梁伸缩缝

为了保证桥跨结构在温度变化、荷载作用、混凝土收缩与徐变等影响下按静力图式自由地变形,就需要使桥面两梁端之间以及在梁端与桥台背墙之间设置横向伸缩缝(也称变形缝)。伸缩缝的构造视桥梁变形量的大小和荷载轻重而异,其作用是保证梁能自由变形,且使车辆在设缝处能平顺地通过并防止雨水、垃圾、泥土等渗入而造成阻塞。城市桥梁,还应考虑使缝的构造在车辆通过时能减少噪声。伸缩缝构造应保证施工和安装方便,除其部件本身要有足够的强度外，还应与桥面铺装部分牢固连接。对于敞露式的伸缩缝，要便于检查和清除缝下沟槽内的污物。

(4)人行道、栏杆和灯柱

1)人行道

位于城镇和近郊的桥梁均应设置人行道，其宽度和高度应根据行人流量和周围环境来确定，人行道的宽度为0.75m或1.00m，按0.50m的倍数增加。人行道顶面应做成倾向桥面的排水横坡，城市桥梁人行道顶面可铺彩砖，以增加美观。

2)栏杆和灯柱

桥梁栏杆设置在人行道上，其功能主要在于防止行人和非机动车辆坠入桥下。其设计应符合受力要求，并注意美观。高度不应小于1.1m。应注意，在靠近桥面伸缩缝处，所有的栏杆均应断开，使扶手与杆之间能自由变形。

在城市桥上，以及城郊行人和车辆较多的公路桥上，都要设置照明设备。桥梁照明应防止眩光，必要时应采用严格控光灯具，而不宜采用栏杆照明方式。对于大型桥梁和具有艺术、历史价值的中小桥梁的照明，应进行专门的设计，既满足功能要求，又顾及艺术效果，并与桥梁的风格相协调。照明灯柱可以设在栏杆扶手的位置，在较宽的人行道上也可以设在靠近缘石处。

复习思考题

1. 什么是桥梁？桥梁在交通运输中的主要地位有哪两点？
2. 桥梁由哪五个“大部件”与五个“小部件”所组成？其主要作用是什么？
3. 你认为桥梁有哪些功能？
4. 桥梁按结构形式可以分为哪几类？
5. 梁式桥的传力形式是怎样的？
6. 拱式桥的受力形式是怎样的？
7. 拱式桥和梁式桥相比有何优缺点？

第8章 给水排水工程

学习目标

本章通过介绍给水工程与排水工程的基本知识，使学生了解建筑给水系统与排水系统的分类、组成，了解建筑给水系统的给水方式，了解建筑雨水排水系统。

水是人类生活和生产不可缺少的自然资源，也是国民经济各行各业发展的重要物质。给水排水工程包括给水工程和排水工程，它是为了保证人们能够正常地生活和生产所修建的水资源工程设施，主要用于水供给、污废水排放和水质改善，是城镇基础设施的重要组成部分，与土木工程密切相关。

8.1 给水工程

给水工程是为了满足人们生活、生产、消防等用水而建造的一系列构筑物，它可以从水源取水，然后将其净化、消毒处理，最后经输配水系统送往用水区域。

引滦入津工程（见图8-1）是我国大型的供（给）水工程。20世纪70年代末，由于天津

图8-1 引滦入津工程

经济迅速发展，人口骤增，用水量急剧加大，造成供水严重不足，国家决定将河北省的滦河水引入天津市。该工程于1982年5月动工，16个月后竣工，起点为河北省的大黑汀水库，输水干渠经迁西、遵化进入天津市蓟县的于桥水库，再经宝坻区到达宜兴埠泵站，全长234km，包括取水、输水、蓄水、净水、配水等工程。引滦入津工程建成后每年输水量达十亿立方米，解决了天津市用水紧张的问题，结束了天津人民喝咸水的历史，是天津经济发展赖以生存的"生命线"。

8.1.1　建筑给水系统的分类

建筑给水系统的任务是将水从室外给水管网引入室内的各种配水龙头、生活、生产和消防用水设施处，以满足用户对水质、水量及水压的要求。根据供水用途的不同，可分为生活给水系统、生产给水系统和消防给水系统三种。

(1)生活给水系统

生活给水系统主要提供居民住宅区的饮用水、工业企业职工生活的饮用水、盥洗、烹调、洗涤、淋浴等用水。生活饮用水的水质应无色、无嗅、无味、透明、无病毒细菌、无有害物质等。

(2)生产给水系统

生产给水系统主要提供生产、加工、制造产品等用水，如造酒厂和饮料厂的生产用水，造纸厂和纺织厂的洗涤、印染、净化用水，炼钢炉的冷却用水等。生产用水因生产工艺不同，对水质的要求也不同。

(3)消防给水系统

消防给水系统提供扑灭火灾时的消防设施用水。对于各种民用建筑、工业企业建筑、大型公共建筑及容易引起火灾的仓库、车间等，都需要配备消防给水系统。消防用水对水质的要求不高，但必须保证充足的水量和水压。

上述三种给水系统，可在建筑物内部单独设置，也可根据水质、水量、水压的要求，考虑经济、技术、安全等因素，组成联合共用给水系统。如生活—生产给水系统、生活—消防给水系统、生产—消防给水系统、生活—生产—消防给水系统。

8.1.2　建筑给水系统的组成

建筑内部给水系统一般由引入管、水表节点、给水管道、给水附件、配水设施、增压和贮水设备等组成，如图8-2所示。

(1)引入管

引入管也称进户管，是将室外给水管网连接到建筑物内的管段。

(2)水表节点

水表节点是安装在引入管上的水表及其前后设置的阀门与泄水装置的总称。水表用来计量建筑物的总用水量，水表前后的阀门用在修理水表、拆装关闭管道之时，泄水装置用在水表和管道检修、管理时，放空室内管道中的水。

(3)给水管道

给水管道是将引入管中的水输送并分配到各用水点的若干管道，如干管、立管和支管。干管又称总干管，是将水由引入管输送到各个立管的水平管段。立管是将水由干管输送到各个楼层的竖直管段。支管是将水由立管输送到各个配水装置的管段。

(4)给水附件

给水附件是指管道系统中用来调节水量、水压、控制水流方向或检修用的各类阀门,如闸阀、截止阀、减压阀、安全阀等。

(5)配水设施

配水设计指生活、生产和消防给水系统管网的终端用水点上的设施,如水龙头、喷头、消火栓等。

(6)增压和贮水设备

当室外给水管网的水量、水压不能满足建筑用水要求或对建筑内供水的稳定性、安全性有较高要求时,需设置附属设备,如水泵、气压给水装置、水箱、水池等增压和贮水设备。

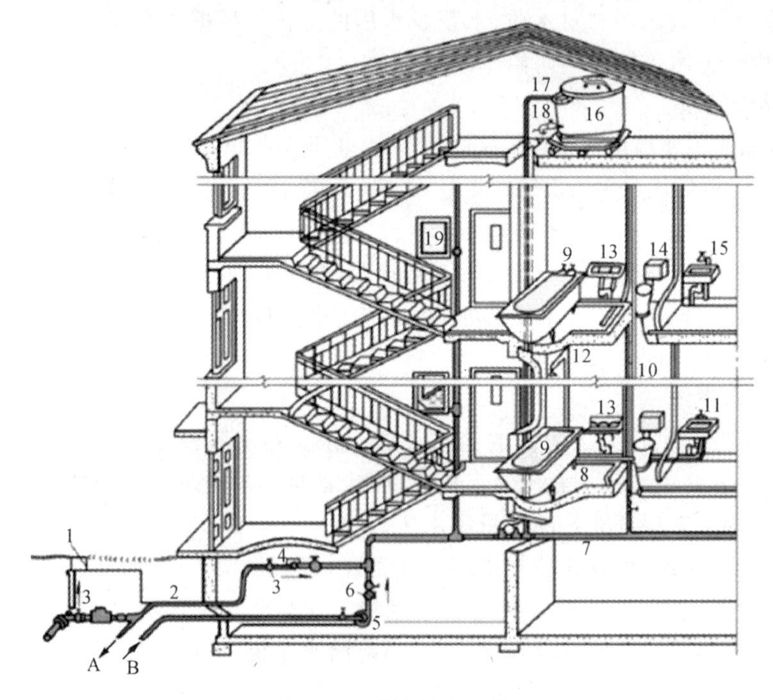

图 8-2 建筑给水系统

1—阀门井;2—引入管;3—闸阀;4—水表;5—水泵;6—止回阀;7—干管;8—支管;9—浴盆;10—立管;11—水嘴;12—淋浴器;13—洗脸盆;14—大便器;15—洗涤盆;16—水箱;17—进水管;18—出水管;19—消火栓;A—入贮水池;B—来自贮水池

8.1.3 建筑的给水方式

给水方式是指建筑的供水方案,主要包括以下几种。

(1)直接给水方式

利用室外给水管网的水压直接向室内供水,如图 8-3 所示,适用于室外给水管网的水量、水压在一天内均能满足要求的建筑。该供水方式经济、简单,能够充分利用外网的水压,但是如果外网停水,建筑内部也会立即停水。

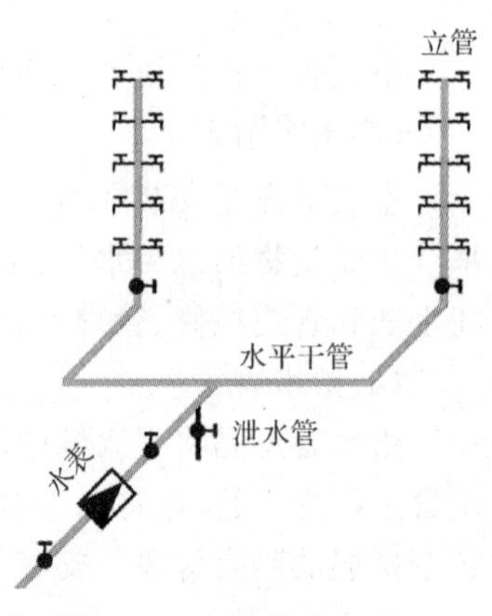

图 8-3 直接给水方式

(2)设水箱给水方式

在屋顶设置水箱,引入管与室外管网相连,将水通过立管输送到水箱,如图 8-4 所示,适用于室外给水管网水压、水量周期性不足的上层建筑。夜晚低峰用水时,室外给水管网水压足够,直接向水箱供水,水箱贮备水量;白天用水高峰时,室外管网水压力不足,无法向建筑高层供水,则由水箱供水。

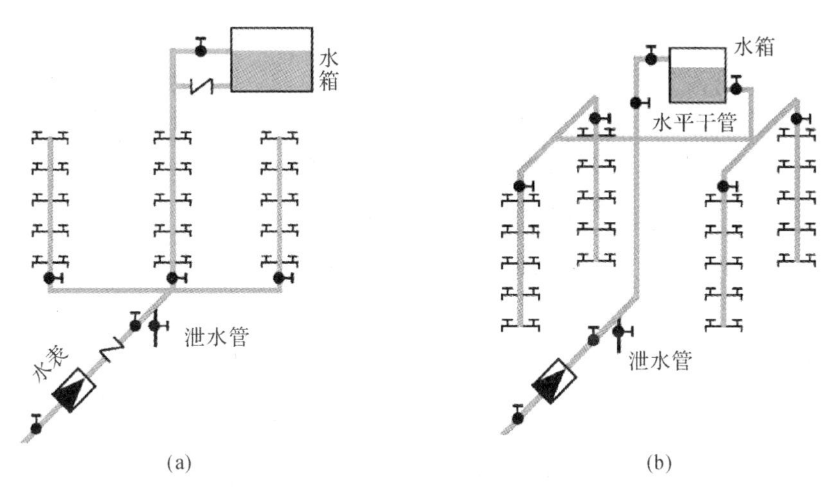

图 8-4　设水箱给水方式

(3)设水泵给水方式

室外给水管网将水输送至水池,由水泵将水池中的水抽升至各个用水点,如图 8-5(a)所示,适用于室外给水管网的水量足够,而水压经常不足的建筑。当室外给水管网与水泵直接相连时,应设旁通管,如图 8-5(b)所示。室外管网的水压足够时,可开启旁通管的止回阀向建筑供水。

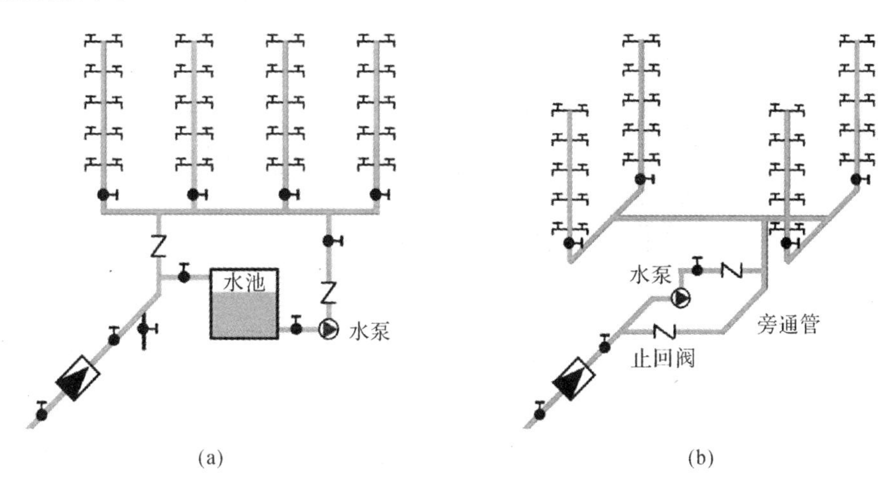

图 8-5　设水泵给水方式

(4)设水泵和水箱给水方式

室外给水管网与水泵直接相连,水压足够时,由室外给水管网供水;水压不足时,由水泵增压供水,水箱用来调节水流量,如图 8-6 所示。适用于外网水压经常或偶尔低于建筑内部给水管网所需水压，且用水不均匀的建筑。

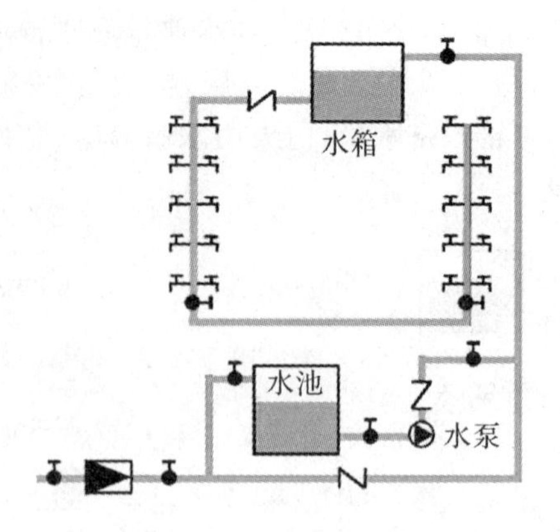

图 8-6 设水泵和水箱给水方式

8.2 排水工程

排水工程是为了排水的收集、输送，水质的处理和排放而建设的一整套工程设施，主要用来保护环境、避免水灾危害发生以及保障人们健康正常地生活。

东京下水道(见图 8-7)堪称世界上最先进的排水系统，其排水标准是“五至十年一遇”。该系统于 1992 年开工，2006 年竣工，除了能够处理各种污水，还可以用来排除台风时期的暴雨，防止城市洪灾。排水系统由一连串混凝土建造的立坑组成，每个立坑高 65m、宽 32m，总贮水量 670 000m^3，通过涡轮机每秒最大排水量可达 200m^3。

图 8-7 东京下水道

8.2.1 建筑排水系统的分类

建筑排水系统的任务是将人们在日常生活和生产中所产生的污水、废水及降落到屋面的雨水、雪水收集处理后排放到室外污水管道系统。根据污废水的来源不同，可分为生活排水系统、工业废水排水系统和雨水排水系统三种。

(1)生活排水系统

生活排水系统主要用于排除日常生活中居住、公共建筑及工厂生活间的污废水。为了节约用水，生活排水系统又可分为生活废水排水系统和生活污水排水系统。生活废水排水系统仅收集洗涤、淋浴、盥洗等产生的生活废水，这些废水经过处理可作为中水，用来冲洗厕所、浇洒绿地等。生活污水排水系统主要用于排除冲洗便器的污水。

(2)工业废水排水系统

工业废水排水系统主要用于排除工业企业生产过程中所产生的污废水，如纺织印染废水、化学肥料废水、石油加工废水等。根据水污染程度不同，工业废水排水系统又可以分为生产废水排水系统和生产污水排水系统，前者污染程度较轻，后者污染程度较重。

(3)雨水排水系统

雨水排水系统主要用于排除降落到住宅、厂房等建筑屋面上的雨水和雪水。

8.2.2　建筑排水系统的组成

建筑内部的排水系统一般由卫生器具或生产设备的受水器、排水管道、清通设备和通气管组成，如图 8－8 所示。一些建筑物根据需要还设有污废水的提升设备和污水局部处理构筑物。

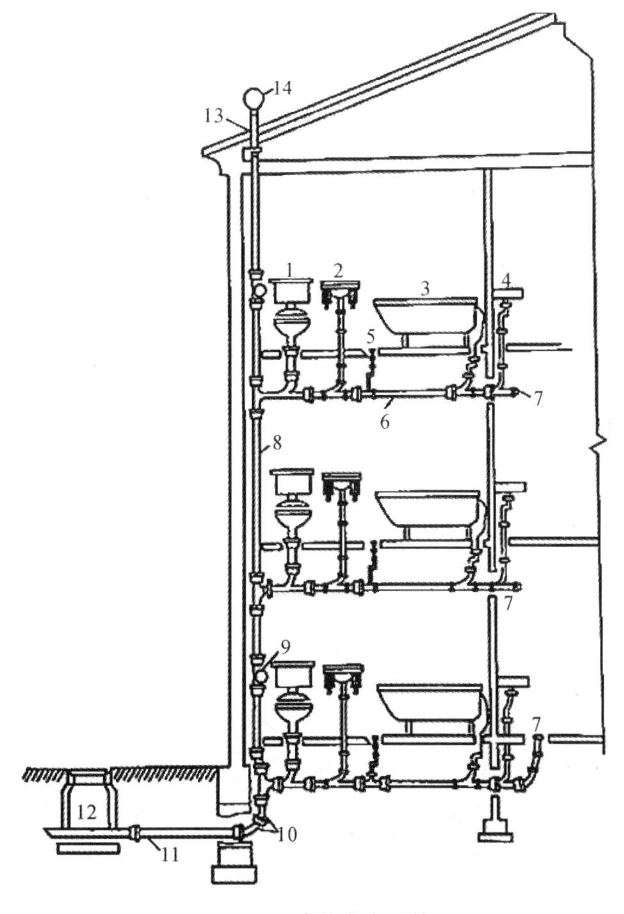

图 8－8　建筑排水系统

1－坐便器；2－洗脸盆；3－浴盆；4－洗涤盆；5－地漏；6－横支管；7－清扫口；8－立管；9－检查口；10－45°弯头；11－排出管；12－排水检查井；13－升顶通气管；14－网罩

(1)卫生器具或生产设备的受水器

卫生器具或生产设备的受水器是用来收集、排出人们在日常生活和生产中所产生的污废水的容器，如洗脸盆、洗涤盆、浴盆等。

(2)排水管道

排水管道包括器具排水管、排水横支管、排水立管和排出管等管道。

1)器具排水管是指卫生器具下面的短管，与排水横支管相连。

2)排水横支管是收集器具排水管中的污水，然后将其输送至排水立管的横向管道，应设有一定的坡度，以便污水顺利流向立管。

3)排水立管是收集横支管中的污水，然后将其输送至排出管的竖向管道。

4)排出管是收集排水立管中的污水，然后将其输送至室外污水检查井的管道。排出管穿过建筑外墙或外墙基础，也称出户管。

(3)清通设备

清通设备是为了方便疏通排水管道而设置的清扫口、检查口及检查井等设备。

(4)通气管

通气管是由排水立管延伸至屋面外的管段。它的作用是使排水立管与室外相通，将管道内的臭气及有害气体排至室外大气中，以减轻废水、废气对管道的腐蚀。

(5)提升设备

普通住宅的地下室、车库、地下铁路等场所的标高较低，污废水不能自流排至室外的检查井，须设水泵等提升设备。

(6)污水局部处理构筑物

当建筑内的污水未经处理不允许直接排入室外管网时，须设污水局部处理构筑物。如工业排水含有有毒、有害物质或大量化学物质，餐饮业排水含有较多油脂，汽车修理厂排水含有大量汽油、柴油，医院排水含有细菌或病毒，炼钢厂排水温度超过 40℃等，这些场所均须设置污水局部处理构筑物。

8.2.3 建筑雨水排水系统

建筑雨水排水系统能够及时地排除降落到屋面的雨水和雪水，避免造成屋顶积水流溢或漏水，以保证人们正常的生活和生产，如图 8-9 所示。建筑屋面雨水排水系统根据管道位置的不同可分为外排水系统和内排水系统。

图 8-9 建筑雨水排水系统

(1)外排水系统

外排水系统的特点是屋面不设雨水斗，建筑内部没有雨水管道。根据屋面有无天沟又可分为檐沟外排水和天沟外排水。

1)檐沟外排水(见图8-10)，指降落到屋面的雨水汇集到檐沟，流入雨水斗，再经立管排至室外地面或雨水井。适用于屋面面积较小的住宅，小型公共建筑和单跨工业厂房。

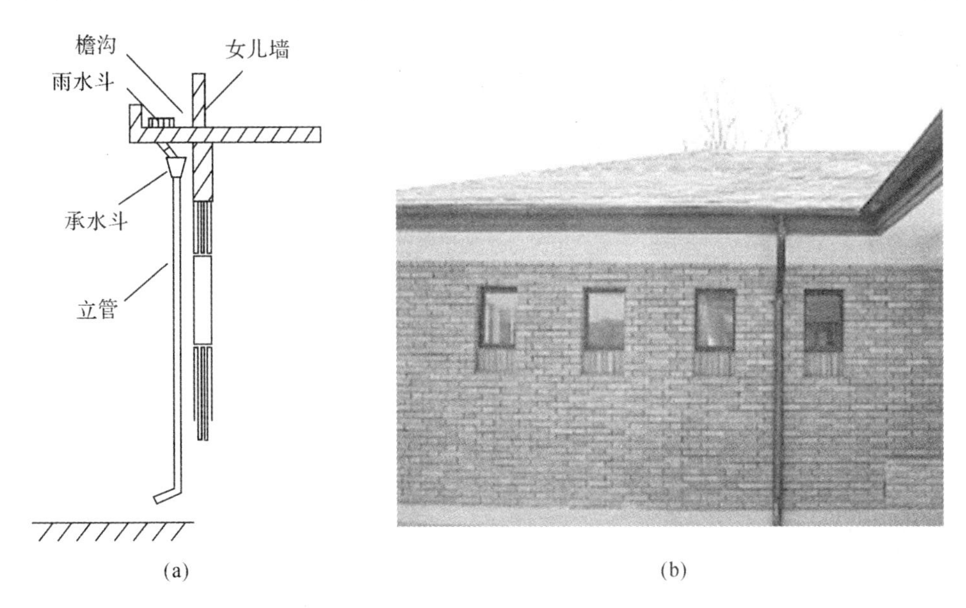

图8-10　檐沟外排水

2)天沟外排水(见图8-11)。天沟是指屋面上的排水沟。降落到屋面上的雨水汇集到天沟，再沿天沟流向建筑物的两端，经过雨水斗及外墙立管排至室外地面或雨水井。适用于屋面面积较大的建筑，如多跨度的厂房。

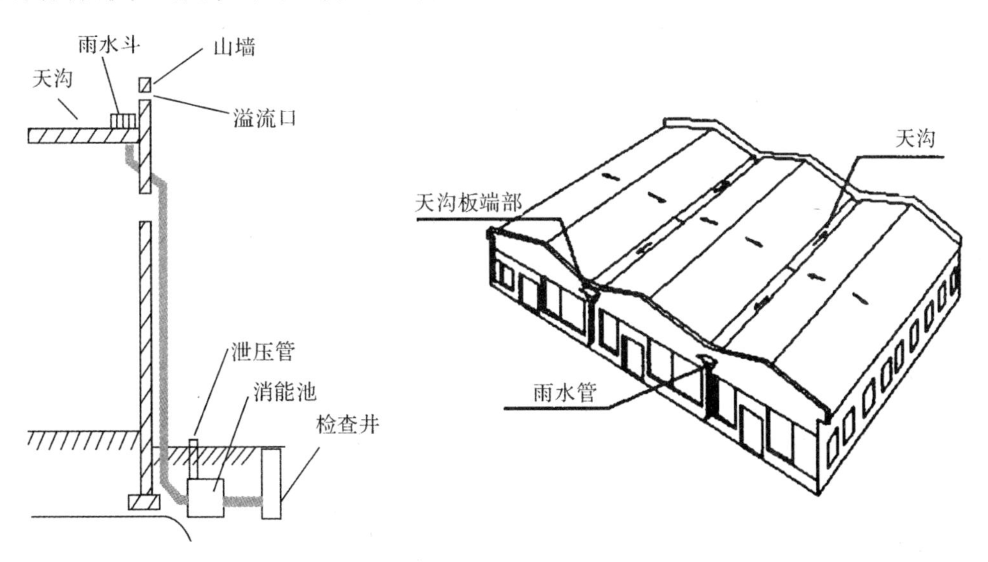

图8-11　天沟外排水

(2)内排水系统

内排水系统的特点是屋面设雨水斗，建筑内部设有雨水管道。它是由雨水斗、连接管、悬吊管、立管、排出管、埋地干管和附属构筑物组成，如图 8-12 所示。适用于跨度大的多跨建筑，在寒冷地区设外墙排水立管有困难时，也可采用内排水系统。

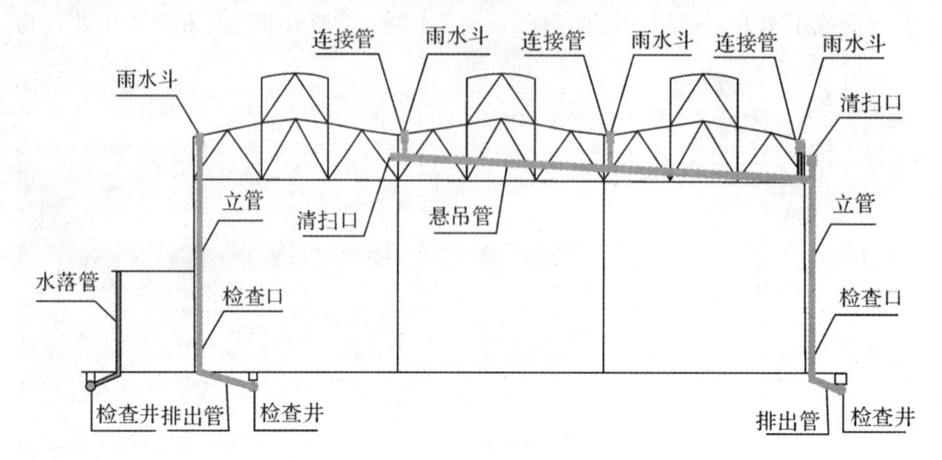

图 8-12 内排水系统

复习思考题

1. 什么是建筑给水系统?
2. 试述建筑给水系统的组成。
3. 什么是建筑排水系统?
4. 试述建筑排水系统的组成。
5. 建筑雨水排水系统有何作用?
6. 建筑雨水排水系统可分为哪几类?

第9章　工程灾害与防灾减灾

学习目标

本章通过介绍工程灾害的基本知识与防灾措施，使学生了解土木工程灾害的基本情况、类型、工程加固的新成就和发展趋势，熟悉结构检测与加固的方法，熟悉新材料、新技术在结构加固中的应用研究。

9.1　工程灾害概述

时间永远凝固在了2008年5月12日14时27分59.5秒(见图9－1)，四川省汶川县这一刻发生了里氏8.0级、最大烈度为11度的强烈地震，造成69 227人遇难，374 643人受伤，17 923人失踪，倒塌房屋、严重损毁不能再居住和损毁房屋涉及450万户，1 000余万人无家可归，直接经济损失8 437.7亿元人民币(见图9－2)。这是新中国成立以来破坏力最大的一次地震，也是唐山大地震后伤亡最惨重的一次。

图9－1　凝固了的时间

图9－2　汶川地震灾区惨状

全世界每年都发生很多自然和人为的灾害，严重的灾害造成建筑物的倒塌和破坏，从而造成巨大的经济损失和人员伤亡。1976年我国唐山发生里氏7.8级地震，能量比日本广岛爆炸的原子弹强烈400倍，导致24万人遇难；1998年飓风“米奇”登陆美国中部，造成1.1万人丧生，250万人无家可归；2004年里氏9.15级地震引发的印度洋海啸导致南亚10多个国家23万人死亡，超过4.3万人失踪；2008年年初，中国南方发生特大冰雪灾害，造成全国21个省市不同程度受灾，因灾死亡107人，倒塌房屋35.4万间，直接经济损失1 111亿元。有史以来，灾害一直是人类面对的最严峻的挑战之一。

9.1.1 灾害的含义

灾害就是指那些由于自然的、社会（人为）的或社会与自然组合的原因，对人类的生存和社会的发展造成损害的各种现象。值得指出的是，“灾害”是从人类的角度来定义的，必须以造成人类生命、财产损失的后果为前提。灾害发生，既要有诱因，又要有灾害的承灾体，即人类社会。例如，山体崩塌发生在荒无人烟的冰雪深山，并无人员伤亡，甚至无人知晓，则不会称作灾害。但是如果山体崩塌、滑坡发生在人员聚集的城镇，导致人员伤亡、房屋倒塌、农田被掩埋、水利设施被冲毁等，这就构成灾害事件。

工程灾害包括自然灾害和人为灾害。自然灾害主要指地震灾害、风灾、水灾、地质灾害等，人为灾害则包括火灾及由于设计、施工、管理、使用失误造成的工程质量事故。随着世界经济一体化和社会城市化进程的发展，工程灾害的破坏程度和造成的损失也引起工程界越来越多的重视。人类在土木工程的建设和使用过程中，应了解和掌握土木工程可能受到的各种灾害的发生规律、破坏形式及预防措施。

9.1.2 工程灾害的类型

(1)地震灾害

1)地震概述

地震是人们平常所说的地动，是通过感觉或仪器察觉到的地面震动。由于地球不断运动和变化，地壳的不同部位受到挤压、拉伸、旋扭等作用，逐渐积累能量，在某些脆弱部位，岩层就容易突然破裂，引起断裂、错动，从而引发了地震。

地震是用里氏震级来衡量的，里氏震级是由美国加州理工学院的地震学家里克特和古登堡于1935年提出的一种震级标度，是目前国际通用的地震震级标准。地震的大小用震级来衡量，根据地震释放能量的大小来划分。能量越大，震级就越大；震级相差一级，能量相差约30倍。地震按震级大小分：大震为7级以上；强震或中强震为7级以下5级以上；小震为5级以下3级以上；弱震为3级以下。地震烈度则是指某一地区地面及房屋等建（构）筑物受地震破坏的程度，我国将地震烈度划分为12度。影响烈度的因素，除了震级、震中距外，还与震源深度、地质构造和地基条件等因素有关。地震本身的大小，只跟地震释放的能量多少有关，它是用“级”来表示的；而烈度则表示地面的破坏程度，用“度”来表示。一次地震只有一个震级而烈度则各地不同，见表9-1。

表9-1 地震烈度破坏程度

地震烈度	现　象
1～2度	人们一般感觉不到，只有地震仪才能记录到
3度	室内少数人能感到轻微的震动

续表

地震烈度	现　象
4～5 度	人们有不同程度的感觉，室内物件有些摆动和有尘土掉落
6 度	较老的建筑物多数被破坏，个别有倒塌的可能，有时在潮湿松软的地面上，有细小裂缝，少数山区发生土石散落
7 度	家具倾覆破坏，水池中有波浪，坚固的住宅有轻微损坏，如墙上有轻微的裂缝，抹灰层大片脱落，瓦从屋顶上掉下等；工厂的烟囱上部倒下；陈旧和简易的建筑物被严重破坏，有喷砂冒水现象
8 度	树干震动很大，甚至折断；大部分建筑物遭到破坏，坚固的建筑物墙上有很大裂缝而遭严重破坏，工厂的烟囱和水塔倒塌
9 度	一般建筑物倒塌或部分倒塌，坚固建筑物有严重破坏，地面出现裂缝，山区有滑坡现象
10 度	建筑遭到严重破坏，地面裂缝很多，水面有波浪，钢轨有弯曲变形现象
11～12 度	建筑物普遍倒塌，地面变形严重，造成巨大的自然灾害

2）我国地震概况

我国是一个地震比较多的国家。数千年来，前人不断地对地震规律进行了不断探索，留下了许多珍贵的地震资料，制造了世界上最早的地震仪，观察记载了大量的地震前兆现象，累积了许多防震、抗震的经验和知识，在地震测报和防震、抗震领域取得了辉煌的成就。我国地处两大地震带之间，地震又多又强，绝大多数是发生在大陆的浅源地震，震源深度大多在 20km 以内。因此，我国是世界上多地震的国家，也是蒙受地震灾害最为深重的国家之一。我国陆地面积约占全球陆地面积的 1/15，但 20 世纪有 1/3 的陆上破坏性地震发生在我国，死亡人数约 60 万人，占全世界同期因地震死亡人数的一半左右。20 世纪，死亡 20 万人以上的大地震全球共发生两次，都发生在我国，一次是 1920 年宁夏海原 8.5 级大地震，死亡 23 万余人；另一次是 1976 年河北唐山 7.8 级大地震，死亡 24 万余人。这两次大地震都使人民生命财产遭受了惨痛的损失。

（2）风灾

风是大气层中空气的运动。地球表面不同地区的大气层所吸收的太阳能量不同，造成了各地空气温度的差异，从而产生气压差。气压差驱动空气从气压高的地方向气压低的地方流动，从而形成风。自然界常见的几种风灾主要有台风、飓风和龙卷风。通常所说的“台风”和“飓风”都属于北半球的热带气旋，只不过是因为它们产生在不同的海域，被不同国家的人赋予了不同的称谓而已。一般来说，在大西洋上生成的热带气旋被称作“飓风”，而在太平洋上生成的热带气旋被称作“台风”。

1）台风灾害

台风是一个大而强的空气涡旋，平均直径 600～1 000km，从台风中心向外依次是台风眼、眼壁，再向外是几十千米至几百千米宽、几百千米至几千千米长的螺旋云带，螺旋云带伴随着的大风、阵雨成逆时针方向旋向中心区，越靠近中心，空气旋转速度越大，并突然转为上升运动。因此，距中心10～100km 范围内形成一个由强对流云团组成的几十千米厚的云墙、眼壁，这里会发生摧毁性的暴风骤雨。再向中心，风速和雨速骤然减小，到达台风眼时，气压达到最低，湿度最高，天气晴朗，与周围天气相比似乎风平浪静，但转瞬一过，新的灾难又会降临。

台风带来的灾害有三种，即狂风引起的摧毁力、强暴雨引起的水灾和巨浪暴潮带来的冲击力。图9-3是一张台风的卫星照片，图像中部为台风眼，周围的风速比台风眼处要大得多。

图9-3 台风

2)飓风灾害

飓风的地面速度经常可达到70m/s，具有极强的破坏性，影响范围也很大。飓风到来时常常雷鸣电闪，空中充满了白色的浪花和飞沫，海面完全变白，能见度极低，海面波高达到14m以上。

飓风灾害的严重性依据它对建筑、树木以及室外设施所造成的破坏程度而被划分为1～5个等级：1级飓风的时速为118～152km/h；2级飓风的时速为153～176km/h；3级飓风的时速为177～207km/h；4级飓风的时速为208～248km/h；5级飓风的时速为249km/h以上。2004年9月登陆美洲的飓风“伊万”为5级飓风，给所经过的牙买加、美国等国家造成巨大的损失(见图9-4)。

图9-4 飓风“伊万”登陆美国南部

3)龙卷风

龙卷风是一种强烈的、小范围的空气涡旋，是在极不稳定的天气下由空气强烈对流运动而产生的，由雷暴云底伸展至地面的漏斗状云（龙卷）产生的强烈的旋风（见图9-5），其风力可达12级以上，风速最大可超过100m/s。一般伴有雷雨，有时也伴有冰雹。

图9-5　龙卷风

龙卷风是大气中最强烈的涡旋现象，影响范围虽小，但破坏力极大。它往往使成片庄稼、成万株果木瞬间被毁，令交通中断，房屋倒塌，人畜生命遭受伤害。龙卷风的水平范围很小，直径从几米到几百米，平均为250m左右，最大为1000m左右。在空中的直径最大有10km，极大风速可达150km/h至450km/h。龙卷风持续时间一般仅几分钟，最长不过几十分钟，但造成的灾害很严重。

(3)地质灾害

地质灾害是诸多灾害中与地质环境或地质体的变化有关的一种灾害，主要是由于自然的和人为的地质作用，导致地质环境或地质体发生变化，当这种变化达到一定程度，其产生的后果给人类和社会造成的危害被称为地质灾害，如地震、火山喷发、滑坡、泥石流、砂土液化等都属于地质灾害。其他如崩塌，地裂缝，地面沉降，地面塌陷，岩爆，坑道突水、突泥、突瓦斯，煤层自燃，黄土湿陷，岩土膨胀，土地冻融，水土流失，土地沙漠化及沼泽化，土壤盐碱化，地热害也属于地质灾害。

1)火山喷发

火山喷发是地下深处的高温岩浆及气体、碎屑突破地壳而喷出的现象。地壳之下100km至150km处，有一个“液态区”，区内存在着高温、高压下含气体挥发分的熔融状硅酸盐等物质，即岩浆。它一旦从地壳薄弱的地段冲出地表，就形成了火山喷发。按照火山的活动性，可把火山分为活火山、休眠火山和死火山三种。

火山活动和地震经常伴随着发生，但火山爆发的前兆明显，因此人们可以逃避，大多有灾无难。火山活动的过程常造成许多微小地震，有时更可产生强烈地震，而地震的发生也常导致火山活动。1999年记录的27起火山活动,有14起出现在土耳其大地震以后短短的两个多月内。地球内部的物质运动并引起岩石层的破裂是产生火山和地震的根本原因。

2)滑坡

滑坡是斜坡上的岩体或土体,在重力的作用下,沿一定的滑动面整体下滑的现象。泥石流是山区爆发的特殊洪流,它饱含泥砂、石块,甚至巨大的砾石,破坏力极强。我国山区面积占国土面积的2/3,地表的起伏增加了岩体的重力作用,加上人类不合理的经济活动,地表结构遭到严重破坏,使滑坡和泥石流成为一种分布较广的自然灾害。2003年7月11日22时,四川省甘孜藏族自治州丹巴县发生特大泥石流灾害,造成1人死亡,50人失踪,另有71人被困。图9-6和图9-7为滑坡和泥石流灾害图片。

图9-6 滑坡阻断道路

图9-7 泥石流吞没村庄

3)砂土液化

砂土液化是指饱和的粉细砂或轻亚黏土在地震的作用下瞬时失掉强度,由固体状态变成液体状态的力学过程。砂土液化主要是在静力或动力作用下,砂土中孔隙水压力上升,抗剪强度降低并趋于消失所引起的。砂土液化造成的危害十分严重。喷水冒砂使地下砂层中的孔隙水及砂颗粒被搬到地表，导致地基失效，同时地下土层中固态与液态物质缺失，导致地表不同程度的沉陷，从而使地面建筑物倾斜、开裂、倾倒、下沉，道路路基滑移，路面纵裂，河流岸边表现为岸边滑移、桥梁落架等。此外，强烈的承压水流失并携带土层中的大量砂颗粒一并冒出，堆积在农田中，会毁坏大面积的农作物。

4)地质灾害的防治

我国地质灾害的防治方针，即“以防为主，防治结合，综合治理”。对工程上已经发生的滑坡或可能发生的滑坡，防治措施可以从减小推动滑坡发生的力和加大阻止滑坡发生的力两个角度考虑。工程上对滑坡的防治主要采用以下几种方法：

①排水。排水的目的在于减少进入滑体内的水和疏干滑体内的水，以减小滑坡下滑力。排水包括排除地表水和地下水两项。

②力学平衡。此方法是在滑坡体下部修筑抗滑石垛、抗滑挡土墙、锚索抗滑桩和抗滑桩板墙等支挡结构物，以增加滑坡下部的抗滑力。另外，可采取削方减载的措施以减小滑坡滑动力等。

③斜坡内部加固。即在岩体中进行斜坡内部加固，多采用岩石锚固的方法，将张拉的岩石锚杆或锚索的内锚固端固定于潜在滑动面以下的稳定岩石之中。

三峡工程是我国举世瞩目的水利工程。预应力锚索抗滑桩板墙在三峡工程库区滑坡治理中应用较为普遍，对于控制大型滑坡的变形、保证滑坡稳定、保证蓄水后的正常运营起到了十分重要的作用。另外，振动挤密碎石桩是由河北省建筑科学研究所等单位开发成功的一种地基加固技术，它首先用振动成孔器成孔，成孔过程中桩孔位的土体被挤到周围土体中去，成孔后提起振动成孔器，向孔内倒入约1m厚的碎石，再用振动成孔器进行捣固密实，然后提起振动成孔器，继续倒碎石，直至碎石桩形成。振动挤密碎石桩与地基土形成复合地基，是一种有效的处理砂土液化的地基处理方法，近年在我国的公路工程中得到了广泛的应用。

(4)人为灾害

除自然灾害外，人为灾害(如火灾、工程质量事故等)也可能对土木工程形成危害。

1)火灾

火灾，可分为人为破坏产生的火灾及无意识行为造成的火灾。随着城市化发展进程的加快，火灾给城市带来越来越多的严重危害。如2003年11月3日湖南衡阳市衡州大厦发生特大火灾，消防官兵成功疏散了大厦内被困的412名群众，但在扑灭余火的过程中，由于大厦突然倒塌，造成20名消防官兵牺牲。图9-8为2001年我国居民住宅火灾起火原因的比例图。

防火的基本原则是做好预见性防范和应急性防范两个方面，既要做到前瞻和预防，又要能应对即发火灾的复杂性和时效性，从而使火灾的损失最小。火灾对土木工程的影响主要是对所用工程材料和工程结构承载能力的影响。在我国，建筑物的防火设计主要是由建筑师按照《建筑设计防火规范》(GB 50016—2014)规定来进行的。

2)工程质量事故与灾难

①工程事故。工程事故是指由于勘察、设计、施工和使用过程中存在重大失误造成工程倒塌(或失效)引起的人为灾害。

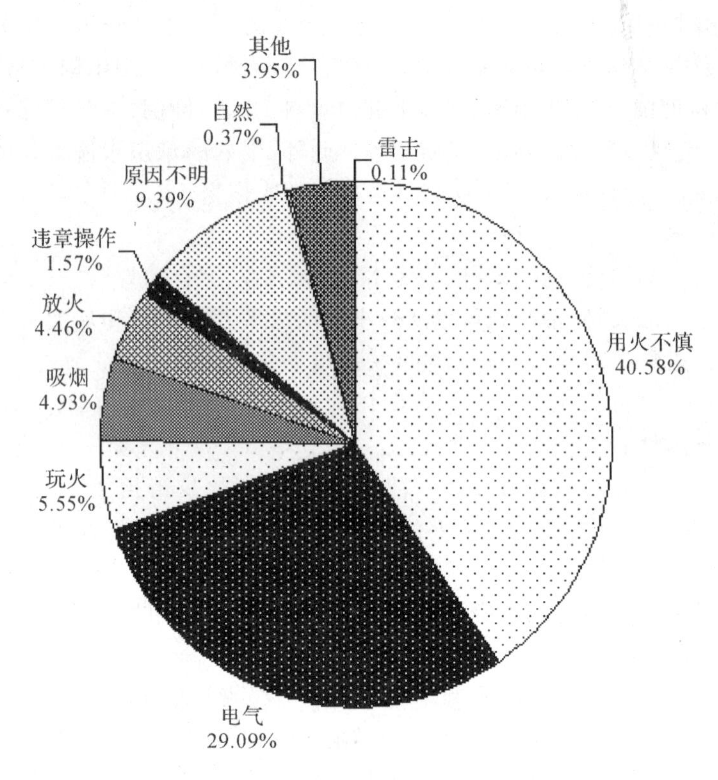

图 9-8　2001 年居民住宅火灾原因比例

按照我国现行规定，一般大中型和限额以上项目从建设前期工作到建设、投产都要按照正常的建设程序进行，一个环节出问题，工程就可能出问题，甚至出现无法挽回的损失。很多出事故的工程都是因为出现了“六无”（无正规立项、无可研报告、无正规设计单位、无正规施工单位、无工程监理、无工程质量验收）中的一项或几项，甚至全部。

②工程事故灾难。工程事故灾难是由于勘察、设计、施工和使用过程中存在重大的失误造成工程倒塌引起的人为灾难。它往往带来人员的伤亡和经济上的巨大损失，如表 9-2 所示。

表 9-2　重大事故级别

重大事故级别	伤亡人数	直接经济损失
三级	死亡 2 人以上，重伤 20 人以上	30 万元以上，小于 100 万元
四级	死亡 2 人以下，重伤 3～19 人	10 万元以上，小于 30 万元
一般质量事故	重伤 2 人以下	5000 元以上，小于 10 万元

③工程爆破灾难。爆破会对环境产生剧烈的冲击效应，传统狭隘意义上的爆破灾难包括飞石、地面震动、冲击波、噪声、炮烟、尘埃等对环境的危害。从广义上讲，爆破灾害是指由爆破引起的人们不希望出现的效果，如爆破震动引起结构物的破坏、飞石撞击毁坏、灰尘、坍塌范围超限、偶然性爆炸等。随着城市化进程的加快及各种构筑物的改建扩建，拆除爆破工程的应用日渐扩大，其对既有建筑、构筑物的影响也逐渐引起了人们的重视。

④地面沉降。地面沉降是指由于自然动力因素，如地壳的下降、地震、火山活动、溶解、

蒸发作用等，或受地下开采、地下施工或灌溉等人工活动的影响，形成地下空洞或地下松散土压缩固结，导致地面标高下降的现象。地面沉降能够引起地面建筑物、市政管道和交通设施等城市基础设施的损坏。如图9-9所示为1995年神户地震引起地面不均匀沉降并导致洪灾。

图9-9 1995年神户地震引起的地面沉降

正是因为土木工程的复杂性和特殊性，所以要严格按照建设程序办事，整顿建设市场，继续建立和完善建设法规，保证生产出安全、经济、美观的建筑产品。

9.2 防灾措施

长期以来，灾害对人类社会造成了巨大损失。在与灾害的斗争中，人们不断研究总结，形成了一门新的科学——防灾减灾学。防灾减灾科学，是以防止和减轻灾情为目的，综合运用自然科学、工程科学、经济学、社会科学等多种科学理论和技术，为社会安定与经济可持续发展提供可靠保障的一门交叉的新兴学科。

土木工程受灾后的首要问题是进行结构检测和结构鉴定，根据结果给出结构处理意见，即拆除或加固后使用。土木工程的检测、鉴定和加固是目前土木工程领域的热门技术之一。按照《建筑结构检测技术标准》(GB/T 50344—2004)的规定，工程结构在遭受灾害后，应及时对其进行分析与计算，对结构物的工作性能及其可靠性进行评价，对结构物的承载能力做出正确的估计，这就是结构检测的内容，因此结构检测是工程结构受灾后的鉴定和加固的基础。结构检测的基本程序是：接受检测任务→收集原始资料、图样→结构外观检测→材料性能检测→测量构件变形，评估构件现有强度→决定其是否可修，如不可修则该结构降级处理或拆除，如可修则进行内力分析→截面验算，考察其是否满足规范要求，如满足则进行寿命评估，若不满足则提出加固意见→做出书面检测报告。

9.2.1 结构的外观检测

结构的外观检测主要进行裂缝、变形、构件局部破损的检测。

(1)裂缝

对裂缝进行检测时，首先要区分裂缝的性质，是受力裂缝还是非受力裂缝，判明裂缝是危险裂缝还是非危险裂缝。例如,钢筋混凝土梁在弯矩作用下产生竖向裂缝,在剪力作用下可能出现斜裂缝,地基的不均匀沉降也会引起裂缝。

(2)变形

构件的变形是截面变形的积累,而构件变形之和体现在整体上,就是结构的位移和变形。因此,检测结构的位移和变形,一方面可以对结构整体情况有所把握,另一方面可以考察构件的变形和损伤情况。

要检测的变形主要是地震、火灾、地基不均匀沉降等作用下的大变形。在地质灾害中,软土地基的沉降可能导致梁挠曲,甚至柱被压弯,外墙下沉,荷载重新分布增大中柱受力,产生裂缝。

(3)构件局部破损

构件局部破损在地震中经常出现。在地震作用下,屋面上的突出砌体很容易倒塌,如女儿墙或屋面山墙山尖倒塌等。

9.2.2 结构材料的检测

结构受灾后,其材料强度往往有所削弱,达不到原设计值,应该通过检测确定结构是否可以继续使用或是否需要加固处理。检测技术从宏观角度看,可从对结构构件破坏与否的角度出发,分为无损检测技术、半破损检测技术和破损检测技术。目前应用较多的是无损检测技术和半破损检测技术。所谓无损检测技术,其实,就是类似于人们买西瓜时的"隔皮猜瓜"——轻敲瓜皮,通过听声音和手感确定瓜的成熟程度,对西瓜没有损坏。因此,在不破坏材料的前提下,检查结构构件的宏观缺陷或测量其工作特征的各种技术方法统称为无损检测技术。而对结构构件有局部破损的方法称为半破损检测技术。

9.2.3 工程结构抗灾与加固

工程结构抗灾最后落实在结构检测和结构的加固与改造上。在前述结构检测的基础上,使受损结构重新恢复使用功能,也就是使失去部分抗力的结构重新获得或大于原有抗力,这便是结构加固的任务。引起结构承载力下降,使结构需要加固后才能使用的原因很多,主要有以下几点:

(1)结构物使用要求改变

很多情况下,原来按照民用建筑设计的房屋需改造为工业建筑,或者由于使用需要房屋需要加层,造成结构荷载比原有设计荷载增加。

(2)设计、施工或使用不当

设计时计算简图选择不当或构造处理有误;施工时由于管理不善出现质量问题或施工时的制造误差较大,产生较大的内力和变形;使用过程中擅自改变荷载形式或不恰当地增加结构荷载,都可能使结构受损。

(3)地震、风灾、火灾等造成结构损坏

地震作用下,结构常因惯性力过大而被损坏,或在较大的风力作用下,屋顶因风吸力过大而被揭起,或竖向杆件被折断;火灾中,结构的损伤程度与温度和大火持续时间有关,如果未产生大变形,可以进行加固处理。

(4)腐蚀作用使结构受损

结构在不利的介质中会受到腐蚀,使截面减小,刚度降低,影响结构的正常使用。此外,其他意外事故也容易致使结构损害而需要加固处理。

结构抗震加固技术是对正在使用的已有建筑进行检测、评价、维修、加固或改造等技术对策的总称。对原有建筑结构进行加固改造,一方面既可以节省投资,满足业主要求,又可以提高结构的抗震能力,减轻其在遭遇地震时的破坏程度,保障人民生命和财产安全;另一方面,结构的安全性、使用寿命以及抵御意外突发事故(如振动、爆炸等)的能力等也均因结构的加固而有所提高。因此,对结构进行抗震加固成为提高已有建筑抗震能力的最有效的手段之一。例如,混凝土结构加固方法有预应力加固法、增加支承加固法、碳纤维加固法、加大截面法、外包钢加固法以及化学灌浆法等。

9.2.4 工程防灾、减灾及加固的热点问题及对现代建筑结构设计的启迪

(1)我国抗震设防原则

“三水准”设防原则:小震不坏,中震可修,大震不倒。

《建筑抗震设计规范》(GB 50011—2010)规定基本的抗震设防目标是:当遭受低于本地区抗震设防烈度的多遇地震影响时,主体结构不受损坏或不需进行修理可继续使用;当遭受相当于本地区抗震设防烈度的地震影响时,结构的损坏经一般性修理仍可继续使用;当遭受高于本地区抗震设防烈度的预估的罕遇地震影响时,不致倒塌或发生危及生命的严重破坏。使用功能或其他方面有专门要求的建筑,当采用抗震性能优化设计时,具有更具体或更高的抗震设防目标。

(2)新材料、新技术在结构加固中的应用成为工程防灾、减灾研究热点

如前所述,结构加固就是通过一些有效的措施,使受损的结构恢复原有的结构功能,或者在已有结构的基础上提高其结构抗力能力,以满足新的使用条件下的功能要求。结构加固是一门研究结构服役期间的动态可靠度及其维护理论的综合学科。传统的结构加固采用加大截面法和体外后张预应力方法,以后随着环氧树脂黏结剂的问世,又出现了外黏钢板加固法。

到20世纪末,国际市场纤维材料价格大幅下降,外贴纤维复合材料加固法逐渐受到关注。各国相关工作者进行了广泛的研究和应用推广工作。我国在混凝土结构的加固中广泛应用了碳纤维加固的方法,理论和技术较为成熟,并编制了《碳纤维片材加固修复混凝土结构技术规程》(CECS 146—2003)。

目前,钢结构工作者将目光转向纤维增强复合材料加固钢结构。传统的钢结构加固方法是将钢板通过焊接、螺栓连接、铆接或者黏接到原结构的损伤部位,这些方法虽在一定程度上改善了原结构缺陷部位的受力状况,但同时又给结构带来一些新的问题,如产生新的损伤和焊接残余应力等。而碳纤维增强复合材料(简称CFRP)结构加固技术则克服了上面各种方法的缺点,并且具有比强度和比模量高、耐腐蚀及施工方便等优点。近年来的研究表明,CFRP加固钢结构也显示出很好的效果。现阶段国内外CFRP加固钢结构的试验研究主要有受弯加固、拉(压)加固、疲劳加固,试验结果均证实,采用CFRP加固的钢结构的强度、刚度、抗动力性能均有显著增强。

(3)城市化进程的加速使得生命线系统工程防灾减灾成为研究的另一热点

城市化是社会经济发展的必然结果,它不仅表现为人口由乡村向城市转移,以及城市人口的迅速增长,城市区域的扩张,还表现为生产要素向城市的集中,城市自身功能的完善以及社会经济生活由乡村型向城市型过渡。进入21世纪,世界范围内的城市化进程普遍进入加速发展阶段。我国的城市化发展势头迅猛,预计到2025年城市化率可达到60%左右,城市人口将增加到8.0亿~8.7亿人。

在城市化进程加速发展的同时,城市生命线工程的重要性越显突出。但是很多城市在城市人口急剧增加的同时,生命线系统的防灾减灾能力却很脆弱。2004年7月10日北京市突降暴雨,使得交通严重受阻,部分立交桥下因大量积水而造成交通瘫痪。2003年当地时间上午9时55分左右,韩国大邱市地铁一号线中央路区段内发生了该国历史上最为严重的地铁纵火案,造成至少126人死亡,138人受伤,另有318人下落不明。由于这场火灾,大邱地铁已全面停顿,而在抢救伤者期间,大邱闹市中心的交通一度陷于瘫痪。这一次又一次的灾害使人们意识到现代都市竟是如此脆弱。

目前,我国正在实施西部开发和振兴东北老工业基地战略,西气东输、南水北调、五纵七横骨干公路网、高速铁路、三峡大坝、跨海大桥等重大生命线工程(国民经济大动脉)相继建设或建成,对城市生命线工程系统的防震减灾工作又提出了新的要求和挑战。我国土木工程工作者对生命线系统工程也进行了积极探索和研究,并取得了重大的研究成果:

1)建立了地下管网等生命线工程系统在地震作用下的反应分析方法,以及地上生命线工程系统如供水系统的地震损失分析方法等。

2)建立了城市多种灾害损失的评估模型。

3)在调查分析抗震结构造价的基础上提出了不同重要性建筑抗震设防的最佳标准。

4)研究了城市中地震触发滑坡、岩溶塌陷、采空区塌陷以及地震、火灾和渗水引发滑坡等灾害链现象,并提出了相应的评估方法。

5)提出了包括斜拉桥等大跨度桥梁结构的抗震分析和隔震控制方法。

复习思考题

1. 简述土木工程灾害的含义与类型。
2. 试述结构抗灾加固的原因、检测与加固的方法。
3. 为什么说新材料、新技术在结构加固中的应用研究是另一热点?
4. 为什么说城市化进程的加速使得生命线系统工程防灾减灾成为研究热点?

第10章　工程项目管理

学习目标

本章通过介绍工程项目管理的基本知识，使学生了解工程项目管理体系，熟悉工程项目招投标制度，熟悉招投标流程，了解工程监理制度及工程建设法规体系。

10.1　工程项目管理的概念与内容

10.1.1　工程项目管理概念

工程项目与人类的生产生活密切相关，随着社会的发展，各种工程项目应运而生。大型及特大型的工程项目越来越多，类型和涉及的行业越来越多，投资越来越多，如航天工程、大型水利水电工程、交通工程等，现代工程项目管理已经成为学术界和产业界完全认同的一个专门学科，并已经发展成为一个由政府正式认定的职业领域——项目管理专业人员资格(Project Management Professional，PMP)。随着工程项目承发包市场日趋多元化，工程建设投资主体日益多样化，现代工程项目规模不断大型化、科技含量逐渐增大，项目管理理论知识体系迅速发展、完善，工程项目管理逐渐呈现国际化发展、模式复杂化发展、信息化发展、专业化发展、集成化发展、健康和绿色化发展的趋势。

(1)项目及其特征

1)项目

不同国家、不同组织在不同时期对“项目”有着不同的定义表述。

英国项目管理协会(Association of Project Management，APM)提出，项目是为了在规定的时间、费用和性能参数下满足特定的目标而由一个个人或组织进行的具有规定的开始和结束日期、相互协调的独特的活动集合。该定义于1997年被国际标准化组织(ISO)制定的ISO 10006所采用。

中国项目管理知识体系(Chinese-Project Management Body of Knowledge，C-PM-BOK)提出，项目是创造独特产品、服务或其他成果的一次性工作任务。

综上观点，项目作为管理对象，是在一定约束条件(时间、资源、质量标准等)下完成的、具有明确目标的一次性任务。

2)项目的基本特征

根据项目的定义,项目具有以下主要特征:一次性,独特性,多目标约束性,生命周期性,整体性和相互依赖性,组织的临时性和开放性。

(2)项目管理

项目管理是以项目为对象的系统管理方法,通过一个临时性的专门的柔性组织,对项目进行高效率的计划、组织、指挥、协调和控制,以实现项目全过程的动态管理和项目目标的综合协调与优化。所谓项目全过程的动态管理和项目目标的综合协调与优化是指在项目的生命周期内,不断进行资源的配置和协调,不断做出科学决策,综合协调好时间、费用、质量及功能等约束性目标,使项目执行的全过程处于最佳的运行状态,以最优效果实现项目的成果性目标。

项目管理主要包含两种不同的含义:一是指一种管理活动,即一种有意识地按照项目的特点和规律,对项目进行组织管理的活动;二是指一种管理学科,即以项目管理活动为研究对象的一门学科,是探求科学组织管理项目活动的理论与方法。

(3)工程项目及其管理

1)工程项目

工程项目是作为被管理对象的一次性工程建设任务。它以建筑物或构筑物为目标产出物,需要支付一定的费用、按照一定的程序、在规定的时间内完成,并应符合规定的质量要求。工程项目是项目中最重要、最典型的类型之一,可分解为单项工程、单位工程、分部工程和分项工程。

①单项工程是指具有独立的设计文件,能够独立组织施工和竣工验收,投产后可以独立发挥生产能力或效益的工程。

②单位工程是指竣工后不可以独立发挥生产能力或效益,但具有独立设计,能够独立组织施工的工程,是单项工程的组成部分。

③分部工程是建筑工程和安装工程的各个组成部分,按建筑工程的主要部位或工程种类,以及安装工程的种类划分,也就是对单位工程的进一步分解。

④分项工程是按照不同的施工方法、不同的材料、不同的规格等,对分部工程做进一步划分。

2)工程项目管理

工程项目管理是以建设项目为对象,依据项目规定的质量标准、预定时限、投资总额以及资源环境等条件,用系统工程的理论、观点和方法,为实现工程项目目标所进行的有效的决策、计划、组织、协调和控制等科学管理活动。

一个工程项目往往由许多参与单位承担不同的建设任务,而参与单位的工作性质、工作任务和利益不同,因此就形成了不同类型的项目管理。项目管理主要涉及业主、勘察单位、设计单位、咨询(监理)单位、材料和设备供应商、施工承包人以及政府部门等,各参与方从不同角度参与到项目的时间/进度管理、费用管理、质量管理、人力资源管理、风险管理、项目沟通与信息管理、采购/合同管理等各个方面。

10.1.2　工程项目管理内容

(1)工程项目基本建设程序

工程项目建设程序是指一个建设项目从构思、立项决策到项目建成、投产使用整个过程各个阶段的工作内容,以及各项工作必须遵循的先后顺序和相互关系,反映了建设工作的客观规律。严格遵循和坚持按照建设程序办事是提高工程建设效率和效益的必要保证。

我国土木工程项目的建设过程大体上分为投资决策和建设实施两个阶段。如图10-1所示,项目投资决策阶段的主要工作是编制项目建议书,进行可行性研究,完成项目立项和决策工作;建设实施阶段的主要工作包括工程设计、施工招投标、建设准备、工程施工与设备安装、生产准备、竣工验收及交付使用等。

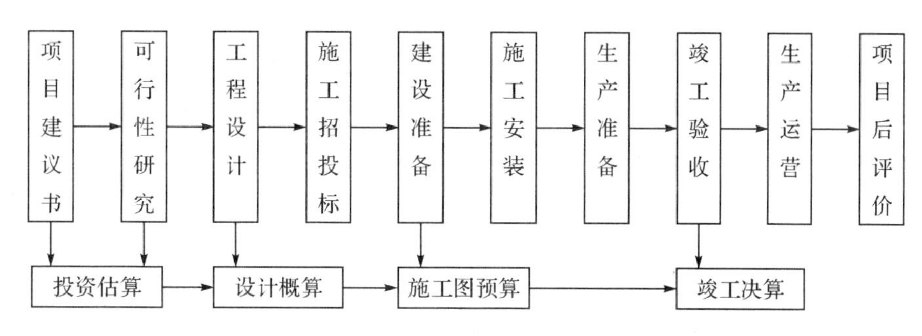

图10-1　我国土木工程项目建设程序及其关系

(2)工程项目管理基本内容

工程项目管理体系中,管理内容主要包括工程项目成本管理、工程项目进度管理、工程项目质量管理、工程项目合同管理、工程项目信息管理、工程项目安全管理、工程项目风险管理、工程项目组织管理与协调。下面做简单介绍。

1)工程项目成本管理

通过综合运用技术、经济、合同、法律等方法和手段,使人力、物力、财力得以有效使用,使投资效益最大化是建设单位的本质追求。工程项目成本管理贯穿于工程建设全过程,其中,设计阶段的控制是成本控制的重点。据分析,设计阶段对工程造价的影响占75%以上。成本控制中,需要及时分析目标值与实际值的偏差及偏差产生原因,并及时处理。

2)工程项目进度管理

参与工程的各项目管理方均有进度控制的任务,但其控制的目标和时间范畴不同。工程项目进度管理是指项目管理者围绕目标工期的要求编制计划,并在实施过程中不断检查计划的实际执行情况,分析进度偏差原因,进行相应调整和修改。通过对进度影响因素实施控制及协调各种关系,综合运用各种可行方法、措施,将项目的工期控制在事先确定的目标工期范围内。进度控制是一个动态的管理过程,进度控制工具主要有横道图、网络图。

3)工程项目质量管理

工程项目质量是国家现行的有关法律、法规、技术标准、设计文件及工程合同对工程项目的安全、使用、耐久、环境保护、经济、美观等特性的综合要求。工程项目质量管理指为达到工程项目质量要求所采取的作业技术和活动,涉及业主方、政府方、施工方三方。工程质量问题与安全问题密切相关,政府监督机构应当根据有关法规和技术标准,对本地区的工程质量做好监督检查。

4)工程项目合同管理

在工程项目建设过程中,所涉及的工程合同种类繁杂,做好合同管理工作可有效减少后期索赔纠纷。工程项目合同管理包括合同的订立、实施、解除等。

5)工程项目信息管理

工程项目管理基于信息而行。项目的信息管理是通过对各个系统、各项工作和各种数据的管理,使项目参与各方能方便有效地获取、存储、存档、处理和利用信息,进行信息交流。工程项目信息管理的主要内容包括信息的收集、加工整理、存储、检索和传递,旨在通过有效地组织和控制项目信息为项目建设的增值服务。

6)工程项目安全管理

安全管理是工程项目管理的重要组成部分,是为保证工程顺利进行,防止伤亡事故发生,确保安全生产而采取的各种对策、方针和行动的总称。为保证工程安全,安全管理必须坚持全员、全过程、全方位的动态管理,注重事前预防措施。安全管理的措施有安全生产责任制、安全教育与培训、施工安全技术措施、安全检查等。

7)工程项目风险管理

工程项目风险管理是工程项目管理班子在风险识别、风险估计和风险评价的基础上,合理使用多种管理方法、技术、手段对项目活动涉及的风险实行有效的控制,采取主动控制,创造条件,尽量扩大风险事件的有利后果,妥善处理风险事故造成的不利后果,以最少的成本保证安全、可靠地实现项目的总目标。风险的应对方法有风险回避、损失控制、风险转移和风险保留。

8)工程项目组织管理与协调

工程项目组织管理与协调是以一定的组织形式、手段和方法,对项目管理中产生的关系进行沟通,对产生的干扰和障碍予以排除的过程。组织协调包括:内部关系的协调,如项目经理部与企业的关系;近外层关系的协调,如项目部与建设单位、监理单位、设计单位、物资供应单位、分包单位以及银行、保险公司等之间的关系;远外层关系的协调,如项目部与地方政府的交通、环保、卫生、防疫、劳动、安监、绿化等部门的关系。

10.2 工程项目招标投标

10.2.1 工程项目招标投标概述

工程项目招标投标是建筑业中一系列招标投标活动的总称,包括可行性研究招标投标、咨询监理招标投标、勘察设计招标投标、工程施工招标投标、物资设备招标投标等。

招标是指工程项目的建设单位在选择某项业务的承包商时,通过相关程序合理选择合作单位的过程。招标方将拟建工程的规模、内容、要求,或购买机器设备的名称、型号、数量等内容以招标文件的形式公开发布,对有意愿的投标单位递交的投标书进行评标,从中选择信誉可靠、技术水平及管理水平高的合作单位,并与之签订承包合同,从而达到节约投资、提高工程质量等目的。

投标是指投标人依据招标文件中的条件和要求,响应其要求,设计招标项目实施方案并进行估价，在规定期限内递交投标书，争取中标的过程。

在招投标活动中，应当遵守公开、公平、公正和诚实信用的原则。

(1)招标的范围和规模标准

根据《中华人民共和国招标投标法》规定，在中华人民共和国境内进行下列工程建设项目，包括项目的勘察、设计、施工、监理以及与工程建设有关的重要设备、材料等的采购，必须进行招标：

1)大型基础设施、公用事业等关系社会公共利益、公众安全的项目；

2)全部或者部分使用国有资金投资或者国家融资的项目；

3)使用国际组织或者外国政府贷款、援助资金的项目。

(2)工程项目招标的方式

对于招标方式，我国招标投标法中对招标方式有明确的规定："招标分为公开招标和邀请招标。"

1)公开招标

公开招标也称为无限竞争招标，是指招标人以招标公告的方式邀请不特定的法人或者其他组织进行投标，即招标人按照法定程序，在国家指定的报刊、信息网络或者其他媒介上发布招标公告，吸引所有符合条件的投标人前来参与竞争，从中择优选择中标人的方式。公开招标透明度高、竞争性强、选择范围广，可以最大限度地择优选择中标者；但费用花费较高，花费时间较长。公开招标是我国最常用的招标方式。

2)邀请招标

邀请招标也称有限竞争性招标，是指招标人以投标邀请书的方式邀请特定的法人或其他组织投标，即招标单位向若干符合条件的潜在投标人发出投标邀请书，约请被邀单位参加投标的招标方式。被邀请的单位一般为 3～10 家，被邀请单位可以不参加投标。邀请招标的公开程度和竞争的广泛性不及公开招标，但可以弥补公开招标耗时长、花费高的缺陷。

10.2.2 工程项目施工招投标简述

工程项目施工招标是指工程项目建设单位将工程项目施工的内容和要求以招标文件的形式标明，招引工程项目施工单位前来报价投标，并择优选择施工单位进行施工的活动。工程项目投标是施工单位响应招标文件中提出的实质性要求，并报出施工价格，供招标单位选择以获得承包权的行为。

(1)施工招标的必备条件

施工招标是在具备相关资料的基础上进行的，进行施工招标的必备条件有：

1)招标人已经依法成立；

2)初步设计及概算应履行审批手续的，已经批准；

3)招标范围、招标方式和招标组织形式等应当履行核准手续的，已经核准；

4)有相应资金或资金来源并已经落实；

5)有招标所需的设计图纸及技术资料；

6)符合法律、法规、规章规定的其他条件。

(2)工程项目施工招标和投标程序

施工招投标中,招标方和投标方的工作内容见表 10-1。

表 10-1 施工招投标中招标方和投标方的工作内容

阶段	主要工作步骤	各方完成的主要工作	
		招标人	投标人
招标准备	申请批准招标	向建设主管部门的招标管理机构提出招标申请	准备投标资料、项目资料、企业内部资料等;研究投标法规
	组建招标机构	—	
	选择招标方式	①决定分标数量和合同数量 ②确定招标方式	组成投标小组
	准备招标文件	①招标公告 ②资格预审文件及申请表 ③招标文件	
	编制标底	①编制标底 ②报主管部门审批	
招标阶段	邀请承包商参加资格预审	①刊登资格预审公告 ②编制资格预审文件 ③发出资格预审文件	购买资格预审文件;填报和申请资格预审文件;回函收到通知
	资格预审	①分析资格预审材料 ②提出合格投标书姓名 ③邀请合格投标商参加投标	回函收到邀请
	发售招标文件	发售招标文件	购买招标文件;编制投标文件
	投标者考察现场	①安排现场踏勘 ②现场介绍	参加现场踏勘;询价;准备投标书
	对招标文件澄清和补遗	向投标者澄清和补遗招标文件的有关内容	回函收到澄清和补遗
	投标者提问	①接受提问,准备答复 ②答复(信件方式或会谈方式)	提出问题;参加标前会议,回函收到答复
	投标书的提交和接受	①接受投标书,记下日期和时间 ②退还过期投标书 ③保护有效投标书至安全开标	递交投标文件(包括投标保函);回函收到过期投标书

续表

阶段	主要工作步骤	各方完成的主要工作	
		招标人	投标人
决标成交阶段	开标	开标	参加开标会议
	评标	①初评标 ②评投标书 ③要求投标商提交澄清资料 ④召开澄清会议 ⑤编写评标报告 ⑥做出授标决定	提交澄清材料；参加澄清会议
	授标	①发出中标通知书 ②要求中标商提交履约保函 ③进行合同谈判 ④准备合同文件 ⑤签订合同 ⑥通知未中标者，并退回投标保函 ⑦发布开工令	回函收到通知；提交履约保函；参加合同谈判；签订合同 未中标者收到通知及回函；中标者签约

10.2.3　国际工程招投标简述

国际工程是一个工程项目从咨询、投资、招投标、承包、设备采购、培训到监理，来自不同国家的各个阶段的参与者，按照国际上通用的工程项目管理模式进行管理的工程。国际工程既包括我国公司去海外参与投资和实施的各项工程，还包括国际组织和国外的公司到中国来投资和实施的工程。

国际工程招标一般有四种方式：国际公开招标、限制性招标、两阶段招标、议标。

(1)国际公开招标

公开投标又称国际竞争性招标(International Competitive Bidding，ICB)，是一种无限竞争性招标。采用这种做法时，招标人在国内外主要报刊上刊登招标公告，凡具有相应资格的法人均可参与投标。国际公开招标是目前世界上采取的最普遍的招标方式。此方式下，招标条件由招标人决定，因而业主可以在国际市场上找到最有利于自己的承包商。

(2)限制性招标

限制性招标(Limited Bidding)是有限竞争性招标，主要是对于参加该项工程投标者有某些范围限制的招标。

(3)两阶段招标

两阶段招标(Two-stage Bidding)是一种无限竞争招标和有限竞争招标结合的方式。两阶段招标的做法一般是第一阶段评审技术标，技术方案合格者进入第二阶段，再评选报价有竞争力者为中标人。

(4)议标

议标(Negotiated Bidding)是一种非竞争性的招标。这种方式由招标人物色一家承包商直接进行合同谈判。一般在某些工程造价过低,或者由于其专业被某一家或几家垄断等情况下采用议标方式。

10.3 建设监理

10.3.1 建设工程监理制度概述

(1)建设工程监理的概念

建设工程监理,是指具有相应资质的工程监理单位受建设单位的委托,依据国家相关法律法规、有关的技术标准、设计文件、建设工程承包合同以及建设工程委托监理合同,对工程建设实施的专业化监督和管理。

工程监理单位应当在其资质等级许可的监理范围内承接工程监理业务,所承接业务不得转让(既不能转包,也不能分包)。监理单位应按照“公正、独立、自主”的原则,开展工程项目监理工作,公平地维护项目法人和被监理单位的合法权益。其中,独立是公正的前提条件。独立是指工程监理单位与被监理工程的施工承包单位及建筑材料、建筑构配件和设备供应单位不得有隶属关系或者其他利害关系,独立的监理单位才能保障公平公正的监理过程。

建设工程监理是商品经济发展的产物。我国的建设工程监理制于1988年开始试点,1997年《中华人民共和国建筑法》以法律制度的形式对其作出规定。推行建设工程监理制有以下作用:有利于规范工程建设参与各方的建设行为,提高建设水平;有利于保障建设工程的质量和安全;有利于充分发挥建设单位的投资效益。

(2)实行强制监理的范围

实施建设工程监理前,建设单位应委托具有相应资质的工程监理单位,并以书面形式与工程监理单位订立建设工程监理合同,合同中应包括监理工作的范围、内容、服务期限和酬金,以及双方的义务、违约责任等相关条款。2001年1月建设部发布的《建设工程建立范围和规模标准规定》对我国必须实行监理的建设工程做出了具体规定。

1)国家重点建设项目,即依据《国家重点建设项目管理办法》所确定的对国民经济和社会发展有重大影响的骨干项目。

2)大中型公用事业工程,指项目总投资额在3000万元以上的工程项目。

3)成片开发建设的住宅小区工程。建筑面积在5万平方米以上的住宅建设工程必须实行监理;5万平方米以下的住宅建设工程,可以实行监理,具体范围和规模标准,由省、自治区、直辖市人民政府建设行政主管部门规定。

4)利用外国政府或者国际组织贷款、援助资金的工程。

5)国家规定必须实行监理的其他工程。

(3)建设工程监理的类型

根据建设工程的特点和相关法规,建设单位可以委托一个监理单位承担所有阶段的监理业务,也可以将工程的不同阶段监理任务分别委托给几个监理单位。

1)建设前期监理。监理单位主要从事建设项目的可行性研究并参与设计任务书的编制。

2)设计监理。监理单位的主要任务是对设计方案的审查、协助业主选定设计单位,监督设计单位的合同实施、审查概预算等。

3)招标监理。监理单位主要代理建设单位进行招标工作。

4)施工监理。监理单位在施工过程中对建设工程的质量、安全、进度、投资、环境等进行控制,做好合同管理和信息管理,监督施工单位文明施工达标,协调参与工程建设的各方。

(4)建设工程监理实施程序

工程监理一般按照以下步骤实施:

1)确定项目总监理工程师,成立项目监理机构。工程监理单位实施监理时,应在施工现场派驻项目监理机构的总监理工程师、专业监理工程师和监理员,且这些人员的专业和数量满足建设工程监理工作的需要,必要时可设总监理工程师代表。

2)编制建设工程监理规划。监理规划在签订建设工程监理合同及收到工程设计文件后由总监理工程师组织编制,并应在召开第一次工地会议前报送建设单位。

3)制定各专业监理实施细则。对专业性较强、危险性较大的分部分项工程,项目监理机构应编制监理实施细则。监理实施细则应在相应工程施工开始前由专业监理工程师编制,并应报总监理工程师审批。监理实施细则应包括专业工程特点、监理工作流程、监理工作要点、监理工作方法及措施。

4)规范化地开展监理工作。项目监理机构应根据建设工程监理合同约定,遵循动态控制原理,坚持预防为主的原则,制定和实施相应的监理措施,采用旁站、巡视和平行检验等方式对建设工程实施监理。

5)参与验收,签署建设工程监理意见。建设工程施工完成后,监理单位参加建设单位组织的竣工验收,并签署监理单位意见。

6)向业主提交建设工程监理档案资料。监理工作结束后,监理单位应按照监理委托合同中的约定向业主提交监理档案资料。

7)监理工作总结。监理过程中,项目监理机构应及时向建设单位提交监理工作总结,向监理单位提交监理工作总结。

10.3.2 监理人员的权限和职责

根据2014年3月起实施的《建设工程监理规范》(GB/T 50319—2013),施工阶段,项目总监理工程师、专业监理工程师和监理员应当分别履行以下职责。

(1)总监理工程师职责

总监理工程师是建设工程中监理工作的总负责人,他对内向监理单位负责,对外向业主单位负责,必须取得国家注册监理工程师执业资格并在本公司注册。总监理工程师主要有以下职责:

1)确定项目监理机构人员及其岗位职责;

2)组织编制监理规划,审批监理实施细则;

3)根据工程进展及监理工作情况调配监理人员,检查监理人员工作;

4)组织审查施工组织设计、(专项)施工方案;

5)审查工程开复工报审表,签发工程开工令、暂停令和复工令;

6)组织检查施工单位现场质量、安全生产管理体系的建立及运行情况;

7)组织审核施工单位的付款申请,签发工程款支付证书,组织审核竣工结算;

8)组织审查和处理工程变更;

9)调解建设单位与施工单位的合同争议,处理工程索赔;

10)组织验收分部工程,组织审查单位工程质量检验资料;

11)审查施工单位的竣工申请,组织工程竣工预验收,组织编写工程质量评估报告,参与工程竣工验收。

(2)专业监理工程师职责

1)参与编制监理规划,负责编制监理实施细则;

2)审查施工单位提交的涉及本专业的报审文件,并向总监理工程师报告;

3)指导、检查监理员工作,定期向总监理工程师报告本专业监理工作实施情况;

4)检查进场的工程材料、构配件、设备的质量;

5)验收检验批、隐蔽工程、分项工程,参与验收分部工程;

6)处置发现的质量问题和安全事故隐患;

7)进行工程计量。

(3)监理员职责

1)检查施工单位投入工程的人力、主要设备的使用及运行状况;

2)进行见证取样;

3)复核工程计量有关数据;

4)检查工序施工结果;

5)发现施工作业中的问题,及时指出并向专业监理工程师报告。

当工程监理人员认为工程施工不符合工程设计要求、施工技术标准和合同约定时,有权要求建筑施工企业改正;当工程监理人员发现工程设计不符合建筑工程质量标准或者合同约定的质量要求时,应当报告建设单位要求设计单位改正。

10.4 工程建设法规

10.4.1 建设法规概述

(1)建设法规的概念

建设法规是国家法律体系的重要组成部分,是指国家立法机关或其授权的行政机关制定的,旨在调整国家及其有关机构、企事业单位、社会团体、公民在建设活动中或建设行政管理活动中发生的各种社会关系的法律、法规的统称,是国家法律体系的重要组成部分。

(2)建设法规的调整对象

任何法律都以一定的社会关系为调整对象,建设法规亦同。建设法规调整的是建设活动过程中发生的各种社会关系,即调整国家管理机关、企业、事业单位、经济组织、社会团体及公民在建设活动中所发生的关系,主要有以下三种。

1)建设活动中的行政管理关系

国家及建设行政主管部门通过建设法规调整、规范建设单位、设计单位、施工单位、材料设备供应单位等在建设活动中的行为,具体包括协调、控制好行政管理部门相互间及各部门内部各方面的责权利关系,科学地处理好建设行政管理部门同各类建设活动主体之间的管理关系。如建设法规中的《建设工程质量管理条例》规定了建设单位、勘察设计单位、施工单位及监理单位的质量责任和义务,并规定了各级建设行政主管单位对其行政区内建设工程的质量负有监督管理责任。

2)建设活动中的经济协作关系

建设活动中的经济协作关系为平等主体之间发生的平等自愿、互利互助的横向协作关系,一般以经济合同的形式确定。如建设单位与设计、施工单位之间关于建设工程的合同关系。《中华人民共和国合同法》是调解这类关系的代表性法规,规定了发包单位和承包单位双方在建立和履行建设工程合同时应有的权利和应尽的义务。

3)建设活动中的其他民事关系

建设工程活动中不可避免地会涉及民事关系,建设活动中的民事关系是指因从事建设活动而产生的国家、单位法人、公民之间的民事权利、义务关系。如房屋拆迁中房主与建设单位的民事关系等。此类关系的调解条例在多数建设法规中有涉及,如《中华人民共和国建筑法》中规定有关建筑施工企业应当为从事危险作业的职工办理意外伤害保险,支付保险费。

(3)建设法律关系

建设法律关系是指建设法律规范在调整一定的建设活动社会关系过程中所形成的人与人之间的权利义务关系。主体、客体、内容是构成建设法律关系的三要素。

建设法律关系中,主体是法律关系的参与者,也是权利义务的承担者,包括国家行政机关、银行、建设单位、勘察设计单位、施工单位等。建设法律关系主体众多,这也是建设法律关系的特征之一。建设法律关系客体是参加建设法律关系主体的权利义务所共同指向的对象,一般有财、物、行为、非物质财富四种表现形式(分别举例有:建设资金、建筑材料、检查验收行为、建筑设计方案)。建设法律关系的内容是指建设法律主体享有的权利和承担的义务,一般以合同的形式体现,是联结主体的纽带。

建设法律关系一般随合同签约而产生。如发承包双方依法签订了建设工程合同,双方就产生了相应的权利和义务,建设法律关系即产生。在工程建设过程中,由于各种不可预见因素,建设法律关系的变更时有发生。其中,建设法律关系主体和客体的变更必然导致相应权利、义务的变更,即内容的变更。比如业主方意图的改变使设计方案改变,那么施工也随之变更,由此,原来建设法律关系的内容就发生了变化,即客体变更引起内容变更。

(4)建设法规的作用

在工程建设活动中,工程建设法律、法规是工程建设管理的依据。建设法规通过各种法律规范保证建设工程的质量安全,推动建设工程稳步前进。建设法规的作用主要体现在以下三个方面。

1)规范建设行为。从事各种具体的建设活动所应遵循的行为即建设法律规范,规范作用是建设法规的基本作用。建设法规对人们的建设行为的规范性表现为:必需的建设行为和禁止的建设行为。如《中华人民共和国建筑法》第 7 条规定:“建设单位必须在建设工程开工前，按照国家有关规定向工程所在地县级以上人民政府建设行政主管部门申请领取施工许可证。”

2)保护合法建设行为。除规范指导之外，建设法规还应对符合建设法规的建设行为给予确认和保护。

3)处罚违法建设行为。建设法规必须对违法建设行为给予应有的处罚，通过处罚等强制制裁手段保障建设法规的制度有效实施。

10.4.2 建设法规体系

建设法规体系由五个层次构成。

(1)宪法

宪法是我国的根本大法，具有最高的法律效力，任何其他法律、法规必须符合宪法的规定，不得与之相抵触。

(2)建设法律

建设法律是由全国人民代表大会及其常务委员会制定的隶属国务院建设行政主管部门业务范围的各种规范性文件。其效力仅次于宪法，在全国范围内具有普遍约束力。如《中华人民共和国建筑法》、《中华人民共和国城乡规划法》、《中华人民共和国招标投标法》、《中华人民共和国合同法》等。

(3)建设行政法规

建设行政法规是国务院根据宪法和法律或全国人大常委会的授权决定，依照法定权限和程序制定颁布的有关建设行政管理的规范性文件。如《城市房地产开发经营管理条例》(国务院令第 248 号)、《建设工程质量管理条例》(国务院令第 279 号)、《建设工程勘察设计管理条例》(国务院令第 293 号)、《城市房屋拆迁管理条例》(国务院令第 305 号)、《建设工程安全生产管理条例》(国务院令第 393 号)等。建设行政法规效力低于宪法和法律，在全国范围内有效。

(4)地方性建设法规

地方性法规指省、自治区、直辖市以及省、自治区人民政府所在地的市和经国务院批准的较大的市的人民代表大会及其常务委员会，在其法定权限内制定的法律规范性文件，如《北京市招标投标条例》、《深圳经济特区建设工程施工招标投标条例》、《黑龙江省建筑市场管理条例》等。地方性建设法规具有地方性，只在本辖区内有效，其效力低于法律和行政法规。

(5)建设行政规章

行政规章是由国家行政机关制定的法律性规范文件，包括部门规章和地方政府规章。

部门规章是由国务院各部、委制定的法律规范性文件，如《工程建设项目施工招标投标办法》(2003 年 3 月 8 日国家发改委等 7 部委 30 号令)(2013 年 4 月修订)、《建筑企业资质管理规定》(2015 年 1 月 22 日住房和城乡建设部令第 22 号)等。部门规章的效力低于法律、行政法规。

地方政府规章是由省、自治区、直辖市以及省、自治区人民政府所在地的市和国务院批准的较大的市的人民政府所制定的法律规范性文件。地方政府规章的效力低于法律、行政法规，低于同级或上级地方性法规。

当前，法律已渗透到建设企业经营管理的各个方面，建设企业的经营行为要合法，追求赢利的手段也要合法。作为土木工程专业的学生，我们应当学好法律，知法守法懂法，努力让建设市场日益规范。

复习思考题

1. 请简述工程项目建设的基本程序。
2. 工程项目管理的内容包括哪些方面？
3. 请简述工程项目施工招投标流程。
4. 国际工程招投标有哪些类型？
5. 请简述总监理工程师的职责。
6. 请简述建设工程监理的实施程序。
7. 请简述建筑法规体系。

第11章 土木工程造价

学习目标

本章通过介绍工程经济、工程造价与工程量清单计价的基本知识，使学生掌握工程经济、工程造价及工程量清单计价的基本概念，熟悉工程经济学、工程造价及工程量清单计价的主要内容和特点，了解我国现行工程造价的构成。

11.1 工程经济

许多大型工程项目决策失误的主要原因是经济分析失算。1976年英、法两国联合制造的“协和”式超音速飞机(见图11-1)正式投入使用，技术水平完全符合设计要求，是当时世界上最先进的飞机。“协和”最大的优点是速度快，但由于油耗高、载客量小，致使英、法两国航空公司每年亏损上千万美元。“协和”还有另一项严重缺陷——噪音太大，超过美国民航机的噪音标准，美国政府不允许其在本土着陆，因此美国和其他国家的航空公司的订单全部被取消，耗资32亿美元的超音速客机研制计划宣告失败，英、法两国政府都为“协和”付出了重大的代价。

“协和”式超音速客机投资运营失败，其主要原因是缺乏对工程项目的经济分析，属于典型的投资决策失误。很多项目具有先进的技术，如新型材料、新能源汽车等，但由于投入成本高、经济效益低而无法实现其商业价值。工程经济学正是研究工程项目经济原理和方法的一门学科。

图11-1 “协和”式超音速飞机

11.1.1 概 述

工程经济学是工程与经济的交叉学科，是研究工程技术实践活动经济效果的学科。它以工程项目为主体，利用经济学的理论和分析方法，研究如何有效利用资源，提高经济效益。

工程是指需要投入较多的人力和物力的工作，人们通过科学知识、技术手段和机械设备来完成。这里所称的工程主要是指土木工程，如道路工程、桥梁工程、房屋工程等。随着经济的快速发展，土木工程建筑业在我国占据着十分重要的地位，是仅次于工业、农业的第三产业。

技术是人类在长期认识自然和改造自然过程中积累的知识、经验、技巧等，人们使用技术进行各种生产和非生产活动。工程技术是生产工具、生产对象的物质手段，也是生产过程中所表现的工艺、方法、信息、管理、技巧等非物质手段。工程技术能够创造出新的产品或劳务，如宇航技术、网络信息技术、新材料、新能源等。另外，技术还可以使人们耗费更少的人力、物力、财力而获得相同的产品或劳务。

经济是指人类社会的生产关系，是思想、意识等上层建筑赖以存在的基础。经济也可以是一个国家的国民经济总称，或指国民经济的各个部门，如农业经济、工业经济、商业经济等。同时经济还可以指节约或节省，即日常生活中的少花资金、经济实惠。工程经济学中的经济是指工程项目或其他社会活动中，如何以最少的投入获得最多收益的过程。

技术和经济是人类社会生产活动必不可少的两个方面。技术是手段，经济是目的，人们为了更好地达到经济目的，必须采取相应的技术措施，否则经济目标将无法实现。

11.1.2 工程经济学的研究范畴

工程经济学研究的是建筑工程的经济性，即以建筑工程项目为对象，以经济、技术为核心，对各种工程技术方案、技术措施或技术规划进行经济分析和评价，从而获得经济与技术的最佳结合，达到投入量最少，经济效益最多的目的。另外，工程经济学还涉及与工程项目相关的经济问题，如资金筹措、招投标方式、工程项目管理等。因此，工程经济学研究的问题不仅有工程技术或生产力，还有生产关系中的经济、管理、法律等问题。由此可见，工程经济学是现代工程项目管理中不可或缺的研究方法。

11.1.3 工程经济学的特点

工程经济学不属于自然科学，也不属于社会科学，而是由工程技术、经济和管理相互交叉结合而形成的一门综合性较强的学科，主要有以下特点：

(1)综合性

工程经济学横跨自然科学与社会科学，涉及的知识范围广，如经济理论基础知识、工程项目管理知识和工程技术经济知识等。各部分既相互独立，又相互联系，内容相互渗透，形成一个统一完整的体系，使工程经济学成为一门综合性较强的学科。工程技术的经济问题往往也是多目标、多因素的，涉及的内容有技术、经济、社会、生态等。现代建筑业的经营、管理和施工，同样需要动用多学科知识，如工程技术、技术经济、社会科学等，从而获得最佳效益。

(2)实用性

工程经济学研究的问题、分析方案都来自于实际工程,并紧密结合生产技术和经济活动,其分析和研究成果直接用于工程建设与生产,并通过实践来检验分析结果是否正确。工程经济学是我国土木工程技术与管理人员必须具备的基础知识,是各种执业资格考试(如造价师、建造师、监理工程师、结构工程师、房地产估价师等)必考的一门专业基础课程。

(3)定量性

工程经济学的研究方法是定量计算与定性分析相结合,以定量分析为主。在课题分析研究时,需要用到许多数学方法、建立数学模型并对数据进行分析和计算。如果没有定量分析,诸多方案将无法进行比较和优选,无法分析技术方案是否经济,因此也无法衡量经济效果。即使有些难以定量的因素,也要设法予以量化估计,用定量分析结果为定性分析提供科学依据。

(4)比较性

工程经济学的重要内容是方案的比较和优选。首先对工程项目拟定多种技术方案,然后采用工程经济的理论和方法进行优选,通过对成本和效益的动态计算,得出定量的评判依据,最后选择最佳方案或最满意的可行方案。

(5)预测性

工程经济学主要为决策服务,在技术方案、技术措施、技术政策采用之前,应先对其进行经济效益预估,如市场需求、销售价格等。通过经济预测,减少决策失误,降低企业经济风险。工程经济的预测性表现为以下两点:

1)充分掌握各种必备信息资料,尽可能准确地预见某一事件的经济发展趋势和前景,尽量避免由于决策失误造成的经济损失。

2)预测是对事件的假设,不能要求其绝对准确,只能要求其对某项工程或某个方案的分析结果与实际值尽可能地接近。

11.1.4 工程经济学的主要内容

工程经济是现代工程师必须具备的知识,是工程建设中必须采用的方法。工程经济学涉及的知识面很广泛,包括工程经济、工程财务、建设工程造价等,其中工程经济与建设工程估价是教学重点。

(1)工程经济的主要内容

1)现金流量和资金的时间价值

2)技术方案经济效果评价

3)不确定性分析

4)价值工程

5)寿命周期成本分析

6)价值工程在工程建设中的应用

7)合同价款形式与工程结算

8)建设项目的技术经济分析与评价

(2)工程财务的主要内容

1)财务会计基础

2)成本与费用

3)收入

4)利润和所得税费用

5)企业财务报表

6)财务分析方法和比率

7)筹资管理

8)流动资产财务管理

(3)建设工程造价的主要内容

1)建设工程项目总投资

2)设备工器具购置费的组成

3)工程建设其他费

4)预备费、建设期利息的计算

5)建筑安装工程费用项目组成与计算

6)建设工程定额的分类

7)设计概算与施工图预算

8)工程量清单的编制与计价

9)建设工程常见的合同价款

11.2　工程造价

国家体育场,俗称“鸟巢”(见图 11-2),是 2008 年北京奥运会的主体育场,由不规则的钢结构编织而成,东西长 294m,南北长 333m,体育场内部可容纳 9.1 万人。“鸟巢”在招标时规定建安造价(土建与设备安装)最高为 40 亿元,确定“鸟巢”方案后建安造价为 38.9 亿元,而国家批复该工程的总投资为 31.3 亿元。经过大量优化设计工作,“鸟巢”的建安造价在设计阶段降为 27.3 亿元,初步设计阶段继续降至 26 亿元。

图 11-2　国家体育场(鸟巢)

国家体育场于2003年12月开工,2004年7月暂停施工,原因是需要将原设计方案进行优化调整,优化后的“鸟巢”一是去掉了滑动屋顶,但不会从根本上改变整个建筑的外观和风格,并使钢材用量降到4.2万吨,二是座位数由10万个减少到9.1万个。鸟巢在优化设计后,最大的变化是更加经济、实用,建安造价也降低至22.67亿元,体现了国家“勤俭办奥运”的精神。

“鸟巢”的整个建设过程,不同阶段存在不同形式的工程造价,这些造价是如何形成的?“鸟巢”的二十多亿元的造价又是如何计算的?工程造价正是研究以上内容的一门学科。

11.2.1 概 述

工程造价是指工程的建造价格,其含义有两种:一是从投资者(业主)的角度分析,工程造价是指建设一项工程的预期开支或实际开支的全部固定资产投资费用。建设工程造价就是建设工程项目固定资产的总投资。二是从市场交易的角度分析,工程造价是指为建成一项工程,预计或实际在土地市场、设备市场、技术劳务市场以及工程承包发包市场等交易活动中形成的建筑安装工程价格和建设工程总价格。承发包价格是工程造价中一种重要的、也是较为典型的价格交易形式,是在建筑市场通过招标投标,由需求主体(投资者)和供给主体(承包商)共同认可的价格。

工程造价的两种含义是从不同角度把握同一事物的本质。对于投资者而言,工程造价是投资一个项目,是“购买”该项目时付出的价格。对于承包商而言,工程造价是他们作为市场供给主体出售商品和劳务的价格的总和,如建筑安装工程造价。

11.2.2 工程造价的研究范畴

工程造价是对建设项目的不同阶段确定造价,一般可分为决策、设计、交易、施工、竣工五个阶段,因此须确定投资估算、设计概算、施工图预算、工程结算和竣工决算。工程造价主要研究以上不同造价产生的原因与关系、施工生产成果与消耗之间的定量关系以及工程计价方式的原理与方法。

11.2.3 工程造价的特点

工程造价的特点由工程建设的特点所决定,具有以下特点。

(1)大额性

建设工程不仅实物体形庞大,其工程造价也非常高,动辄数百万、数千万、甚至上亿元人民币。由于其巨大的投资数额会关系到国家各个方面的经济利益,也会对宏观经济产生重大的影响,因此工程造价在我国有着特殊的地位,工程造价管理也同样重要。

(2)个别性和差异性

每一项工程都有其特定的用途、功能和规模,所以,每一项工程的结构、造型、装饰、空间面积、工业设备和建筑材料都有不同的要求。由于每项工程的实物形态有所区别,并且每项工程所处的地区、地段都不相同,工程的投资费用也会有所差别,因此工程造价具有个别性和差异性。

(3)动态性

每一项工程的建设都需要经历一个较长的时间,而价格随着经济的发展也在不断地波动。在工程建设时期，机械设备、材料的价格会发生变化，人员的工资标准会调整，各种贷款利率、费率也会变化，这些因素都会引起工程建造价格的变动。所以，工程造价处于不断地变化过程中，整个工程的实际造价只有到竣工决算后才能确定。

(4)层次性

工程项目的层次性决定了工程造价的层次性。一个工程项目通常包含多个单项工程，如一个学校的建设，其中教学楼、食堂等为单项工程。一个单项工程又包含多个单位工程，如教学楼的建设，其中建筑工程、设备安装工程即为单位工程。因而，工程造价可以分为工程项目总造价、单项工程造价和单位工程造价。如果专业分工更细，单位工程的组成部分——分部分项工程也可以作为承发包的对象，如主体结构工程、给排水及采暖工程等。工程造价由此也可分五个层次，工程项目总造价（学校）、单项工程造价（教学楼）、单位工程造价（建筑工程）、分部工程造价（主体工程）和分项工程造价（混凝土工程）。

(5)兼容性

工程造价的兼容性首先表现为具有的两种含义，其次表现为造价构成的因素广泛而复杂。工程造价除了建筑安装工程费、材料设备购置费以外，还包括土地使用费、项目可行性研究与规划设计费、项目申请审核费等，这些费用在工程造价中也占有一的地比例。

11.2.4 工程造价的主要内容

工程项目具有规模大、周期长、造价高的特点，需要分阶段地进行建设。为了更有效地控制工程造价，不同的建设阶段应分别计价，以保证工程造价的科学性与正确性。因此，工程造价的主要内容有以下几方面

(1)投资估算

投资估算是指在项目建议书和可行性研究阶段，通过编制估算文件来测算工程的造价，它是对工程项目将来所需的全部费用进行预测和估算。

(2)设计概算

设计概算是指在初步设计阶段，设计单位根据设计图纸、概预算定额、材料设备价格等资料编制工程概算文件，用来确定工程项目的概算投资。设计概算较投资估算的准确性有所提高。设计概算造价包括工程项目概算总造价、各单项工程概算造价以及各单位工程概算造价。

(3)修正概算

修正概算是指在技术设计阶段，工程项目的规模、结构、设备类型等有可能发生变动，因此，要对初步设计阶段的概算造价进行相应的调整，修正概算要比设计概算的准确性更高。

(4)施工图预算

施工图预算是指在施工图设计完成阶段，根据施工图纸、预算定额，编制工程预算的文件。施工图预算较修正预算更为详尽和准确。

(5)工程结算

工程结算是指在工程竣工阶段，承包方依据合同约定，向建设单位清算工程价款的文件。它是工程项目承包中的一项极其重要的工作。

(6)竣工决算

竣工决算是指在工程竣工验收完毕阶段,由建设单位编制的反映工程实际造价的文件。它是从工程项目筹建到竣工交付使用的全过程,产生的全部建设费用的文件,是整个工程项目的最终实际价格。

11.2.5　工程造价的构成

我国现行工程造价的构成主要包括设备及工器具购置费用、建筑安装工程费用、工程建设其他费用、预备费、建设期贷款利息、固定资产投资方向调节税等几项,具体内容如图 11－3所示。

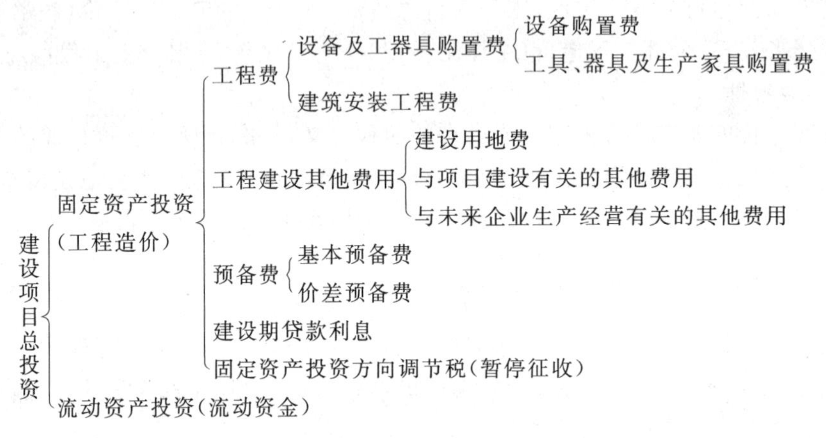

图 11－3　我国现行工程造价的构成

11.3　工程量清单计价

11.3.1　概　述

工程量清单是表现拟建工程的分部分项工程项目、措施项目、其他项目、规费和税金项目名称和相应数量的明细清单。工程量清单是由招标人发出,按照《建设工程工程量清单计价规范》统一编制拟建项目的各实物工程名称、特征、计量单位、工程数量等的表格文件。工程量清单是招标文件的重要组成部分,可以由招标人自行编制,若招标人不具备编制工程量清单的能力,也可以由造价咨询单位编制。

工程量清单计价是指投标人按照招标人提供的工程量清单,填报每一项单价,并且计算出工程项目所需的全部费用,包括分部分项工程费、措施项目费、其他项目费、规费和税金,是反映工程实体消耗和措施性消耗的工程量清单。

11.3.2　工程量清单计价的特点

(1)计价规则统一

工程量清单在编制过程中,需要遵循统一的建设工程工程量清单计价方法、统一的工程量计量规则、统一的工程量清单项目设置规则,以达到规范计价行为的目的。

（2）有效控制消耗量

工程量清单中人工、材料、机械的消耗量，须参照建设主管部门发布的统一的社会平均消耗量进行报价，防止企业随意增大或减小消耗量。

（3）彻底放开价格

工程量清单中的人工、材料、机械单价全面放开，其价格由企业定额和市场价格信息自行确定。

（4）企业自主报价

投标企业通过对自身的技术专长、材料采购渠道和管理水平等方面的评定，可以制定自己的报价定额，自主报价。

11.3.3　工程量清单计价的主要内容

工程量清单由分部分项工程量清单、措施项目清单、其他项目清单、规费和税金项目清单组成。工程量清单计价主要是确定工程量清单所列项目的全部费用。

（1）分部分项工程量清单

分部分项工程费：指各专业工程的分部分项工程应予以列支的各项费用。专业工程是按现行国家计量规范划分的各类工程，如房屋建筑与装饰工程、市政工程、城市轨道交通工程等。分部分项工程是按现行国家计量规范对各专业工程划分的项目，如房屋建筑与装饰工程划分的土石方工程、地基处理与桩基工程、砌筑工程、钢筋及钢筋混凝土工程等。

分部分项工程量清单包括项目编码、项目名称、项目特征、计量单位和工程数量，五项缺一不可，并且均须按规则编制，格式如表11-1所示。

表11-1　分部分项工程量清单与计价

工程名称：　　　　　　　　　　标段：　　　　　　　　　　第　　页　共　　页

序号	项目编码	项目名称	项目特征描述	计量单位	工程量	金额/元		
						综合单价	合价	其中：暂估价

（2）措施项目清单

措施项目费：指为完成建设工程施工，发生于该工程施工前和施工过程中的技术、生活、安全、环境保护等方面的费用，包括安全文明施工费、夜间施工费、非夜间施工照明费、二次搬运费、冬雨季施工增加费、地上地下设施及建筑物的临时保护设施费、大型机械设备进出场及安拆费、混凝土模板及支架费、垂直运输费、超高施工增加费、已完工程及设备保护费、脚手架工程费、施工排水及降水费等。

措施项目清单应根据拟建工程的实际情况而定，参照表11－2列项，如有缺项，编制人可根据实际情况加以补充。

表11－2 措施项目

序号	项目名称
1.通用项目	
1.1	环境保护
1.2	文明施工
1.3	安全施工
1.4	临时施工
1.5	夜间施工
1.6	二次搬运
1.7	大型机械设备进出场及安装和拆卸
1.8	混凝土、钢筋混凝土模板及支架
1.9	脚手架
1.10	已完工程及设备保护
1.11	施工排水、降水
2.建筑工程	
2.1	垂直运输机械
3.装饰装修工程	
3.1	垂直运输机械
3.2	室内空气污染测试
4.安装工程	
4.1	组装平台
4.2	设备、管道施工安全、防冻和焊接保护措施
4.3	压力容器和高压管道的检验
4.4	焦炉施工大棚
4.5	焦炉烘炉、热态工程
4.6	管道安装后的充气保护措施
4.7	隧道内施工的通风、供水、供气、供电、照明及通信设施
4.8	现场施工围栏
4.9	长输管道临时水工保护措施
4.10	长输管道施工便道
4.11	长输管道跨越或穿越施工措施

续表

序号	项目名称
4.12	长输管道地下穿越地上建筑物的保护措施
4.13	长输管道工程施工队伍调遣
4.14	格架式抱杆
5.市政工程	
5.1	围堰
5.2	筑岛
5.3	现场施工围栏
5.4	便道
5.5	便桥
5.6	洞内施工的通风、供水、供气、供电、照明及通信设施
5.7	驳岸块石清理

措施项目中，如脚手架工程、混凝土模板及支架、垂直运输、大型机械设备进出场及安拆、施工排水及降水等，这类措施项目可计算工程量，可按分部分项工程量清单的方式采用综合单价计价，更有利于措施费的确定和调整，如表 11－4 所示；若不能计算工程量的项目清单，应以“项”为计量单位，如表 11－3 所示。

表 11－3　措施项目清单与计价(一)

工程名称：　　　　标段：　　　　第　页共　页

序号	项目名称	计算基础	费率(%)	金额(元)
1				
2				
3				
4				
5				
6				
7				
8				

表 11－4 措施项目清单与计价(二)

工程名称： 标段： 第 页 共 页

序号	项目编码	项目名称	项目特征描述	计量单位	工程量	金额(元)	
						综合单价	合价

(3)其他项目清单

其他项目费包括暂列金额、暂估价、计日工及总承包服务费等。

其他项目清单是指分部分项工程量清单、措施项目清单所包含的项目以外的清单，应根据建设标准的高低、工程的复杂程度、工程的工期长短、工程的组成内容、发包人对工程管理的要求等直接影响其他项目清单的具体内容，参照表 11－5 列项。

表 11－5 其他项目清单与计价汇总

工程名称： 标段： 第 页 共 页

序号	项目名称	计量单位	金额(元)	备注
1	暂列金额			
2	暂估价			
2.1	材料(工程设备)暂估价			
2.2	专业工程暂估价			
3	计日工			
4	总承包服务费			
合计				

(4)规费、税金项目清单

规费：指根据省级人民政府或省级有关权力部门规定必须缴纳的费用，包括养老保险费、失业保险费、医疗保险费、工伤保险费、生育保险费、工程排污费、住房公积金等。

税金：指国家税法规定的应计入建筑安装工程造价内的营业税、城市维护建设税、教育费附加以及地方教育费附加。

规费、税金项目清单参照表 11－6。

表 11－6　规费、税金项目清单与计价

工程名称：　　　　　　　　　　　　标段：　　　　　　　　　　　第　页 共　页

序号	项目名称	计算基础	费率(%)	金额(元)
1	规费			
1.1	社会保障费			
(1)	养老保险费			
(2)	失业保险费			
(3)	医疗保险费			
(4)	工伤保险费			
(5)	生育保险费			
1.2	住房公积金			
1.3	工程排污费	按工程所在地环境保护部门收取标准，按实计入		
2	税金	分部分项工程费＋措施项目费＋其他项目费＋规费－按规定不计税的工程设备金额		

复习思考题

1. 什么是工程经济学？
2. 工程经济学有何特点？
3. 试述工程造价的含义，两种含义有何区别？
4. 工程造价主要包括哪些内容？
5. 工程量清单计价的费用有哪些？

第12章　土木工程施工

学习目标

本章通过介绍土木工程施工的基本知识，使学生了解土木工程项目施工阶段施工测量工作的相关知识、实施流程，熟悉土木工程主要分部分项工程的施工方法，如基础施工、主体结构施工、屋面工程施工、装饰工程施工。

按照建设程序，建设项目在完成建设准备和具备开工条件后，就进入了施工安装阶段，即将设计的施工蓝图转变为实际的建筑物的过程。施工安装包括土建工程施工、建筑装饰施工和建筑设备施工。土木工程施工范围广泛，内容极为丰富，如土方工程、基础工程、砌筑工程、混凝土结构工程、结构安装工程、装饰工程等。土木工程施工包括施工技术和施工组织两大部分。施工技术主要结合具体施工对象的特点，以施工方案为核心，研究各工种工程的施工方法、工艺流程、机械的选用等。施工组织则考虑施工现场管理、场地平面布置、劳动力的组织、进度安排、安全施工等对施工活动的全过程进行科学的管理。

随着社会经济的发展和建筑工程技术的进步，我国的土木工程施工技术有了跨越式的发展。施工的高度、跨度、体量、难度和水准位居世界前列的项目大量涌现，全国各地新建的高楼、桥梁、铁路、公路、港口、机场、矿井以及大批的现代化工厂等，工程数量之多、技术之复杂是空前的。我国的施工技术已有一些赶上或超过了发达国家，在总体上也正在接近发达国家水平。

12.1　施工测量

工程项目建设施工阶段的测量工作主要是依据建筑施工设计图纸将所设计的建筑物、构筑物的平面位置、形状、大小及高程在工程建设施工场地标定出来，以指导施工人员进行建筑物、构筑物实体的施工。在工程建设施工阶段，需进行大量的施工测量工作，从这一角度而言，施工测量工作是工程施工活动的眼睛，在工程建设中起着至关重要的作用。

12.1.1　建筑施工测量概述

建构筑物按照其使用的性质，通常分为生产性建筑，如工业建筑；非生产性建筑，如民用建筑。而民用建筑根据其使用功能，可分为居住建筑和公共建筑两大类，若按建筑高度分类，可分为多层、高层及超高层建筑等。各种不同类型的建筑在施工建设中均需进行测量工作，以确保施工建设的顺利实施。习惯上将施工阶段所进行的测量活动统称为施工测量。在整个施工建设阶段，其工作任务主要包括：施工场区控制测量、建构筑物控制测量、建筑物平面定位及细部轴线测设和相应的高程测设、各施工阶段的施工测量（主要为±0.000以下部分和以上部分的施工测量）、附属道路及管线施工测量、竣工测量和工程实施中的变形监测等内容。

施工单位作为工程建设项目的实施者，其施工测量岗位人员依据建筑设计及施工技术要求，伴随施工过程，使用测量仪器及工具，将施工设计图纸上所设计的建构筑物按其平面位置和高程等设计数据（事先应进行数据的转换计算，得到各施测对象的测设数据）测设于施工现场，并用控制桩标定出来，以此作为施工人员开展各工序施工活动的依据。此种标定建筑物实地位置的测量技术方法称为施工放样。施工放样的实质是将图纸上所设计的建构筑物位置标定于拟建施工现场的一种工作过程。此过程的开展必须以设计图纸为依据，也就是应按图施测。

施工放样测量工作与地面点测定工作的程序恰好相反，但两者的测量工作原理相同，均是进行点位的确定。只是测定工作是基于测量原理，确定地面点的三维坐标，而放样工作则是基于设计坐标在实地定点。因而，在开展工程项目的施工放样工作时，同样须遵循"从整体到局部"、"先控制后碎部"这一测量工作原则和施测程序。

放样的结果是得出所测点的现场标桩，标桩定在哪里，施工人员就在哪里开展诸如挖土、支模、混凝土浇筑、工程构件吊装等施工活动。如果放样出错且没有及时纠正，将会造成极大的损失。由此可见，施工测量岗位人员责任重大，应该采取有效措施杜绝工作中的一切错误，以测量规范为指导，按照正确的操作规程，伴随着施工进程，进行相应的测设工作，确保施测成果达到施工所需的精度要求，以衔接和指导工程建设阶段中各工序之间的施工。从此角度来看，施工测量工作实施的好坏，对工程项目施工建设能否顺利进行起着至关重要的作用。

12.1.2　施工测量工作实施流程

施工测量工作贯穿于项目施工建设的全过程。从施工场地平整、建构筑物平面定位、基础施工，到建筑物上部主体施工及结构构件的安装、设备的安装等工序，都必须进行相应的施工测量工作，才能使建构筑物各部分的尺寸、位置等符合施工设计要求。其具体实施流程如下：

(1)建设项目开工前的施工测量准备工作；

(2)施工场区控制网布设及施测工作；

(3)建筑物控制网的布设和施测；

(4)建构筑物平面定位及细部测设；

(5)检查、验收；

(6)施工过程中的变形监测工作和工程项目竣工测量工作。

总之，施工测量工作是工程项目施工建设中的一项重要工作，施工测量工作成果准确与否会直接影响工程的施工质量和进度，进而影响到工程项目能否按合同所签订的工期顺利完工及交验，同时也是项目创优的必要保证。

12.2　基础工程

基础工程主要包括土石方工程和各类工程的下部结构基础的分部工程。土石方工程简称土方工程，主要包括土(或石)的挖掘、填筑和运输等施工过程以及排水、降水和土壁支撑等准备和辅助过程。常见的土方工程有场地平整、基坑(槽)及管沟开挖、地坪填土、路基填筑、隧道开通及基坑回填等。

土方工程施工的特点是：量大面广、劳动繁重、大多为露天作业、施工条件复杂，施工易受地区气候条件、工程地质和水文地质条件影响。在组织施工时，应根据工程自身条件，制订合理的施工方案，尽可能采用新技术和机械化施工。

一般土木工程中的建筑物、道路等多采用天然浅基础，它具有造价低、施工简便的特点。如果是天然浅土层软弱的基础，可采用机械压实、强夯、深层搅拌、堆载预压、砂桩挤密、化学加固等方法进行人工加固，形成人工地基浅基础。对于高大建筑物、桥墩、码头等上部荷载很大的情况，无法采用浅基础时，则需要经过技术经济比较后采用深基础。

深基础是指桩基础、墩基础、沉井基础、沉箱基础和地下连续墙等，深基础不但可选用深部较好的土层来承受上部荷载，还可利用深基础周壁的摩阻力来共同承受上部荷载，因而其承载力高、变形小、稳定性好，但其施工技术复杂、造价高、工期长。

12.2.1 基坑土方施工

基础坑槽的土方开挖，要确定的内容有：土方边坡和工作面尺寸，土壁支护设施，排水和降水方法，土方开挖、回填与压实方法。

(1)土方边坡与土壁支撑

基坑土方施工中，挖成上口大、下口小，留出一定的坡度，靠土的自稳保证土壁稳定的措施称放坡，如图 12-1 所示。

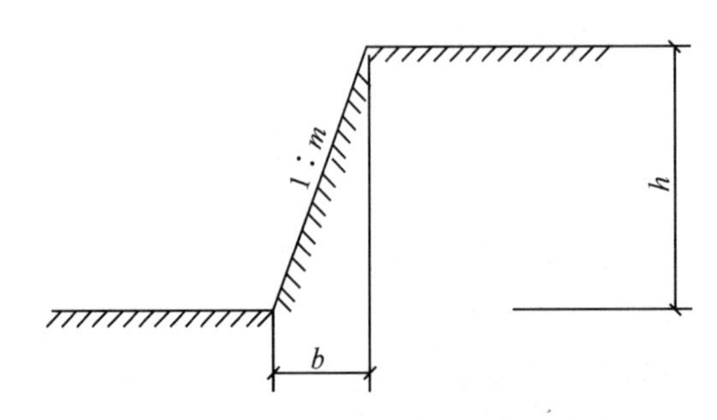

图 12-1 土方边坡($m=b/h$，称坡度系数)

基坑(槽)放坡开挖往往比较经济，但在场地狭小地段，施工不允许放坡时，一般可采用支撑护坡，常用的坑壁支撑形式如图 12-2 所示。

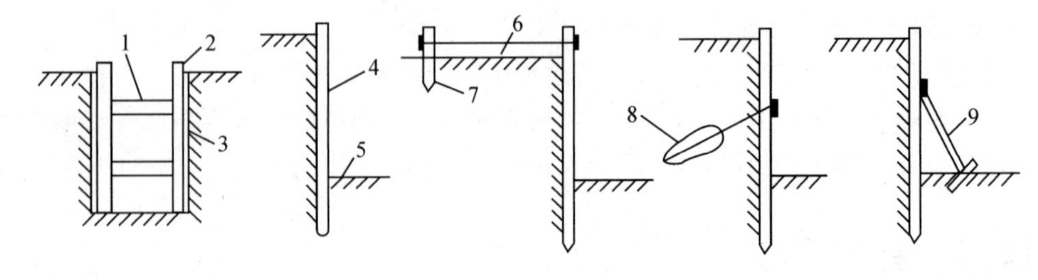

图 12-2 坑壁支撑形式

1—横撑；2—立木；3—衬板；4—桩；5—坑底；6—拉条；7—锚固桩；8—锚杆；9—斜撑

（2）基坑排水与降水

在地下水位以下开挖基坑（槽）时，要排除地下水和基坑中的积水，保证挖方在较干状态下进行。一般工程的基础施工中，多采用明沟集水井抽水、井点降水或二者相结合的办法排除地下水。如图 12－3 所示为明沟排水法。

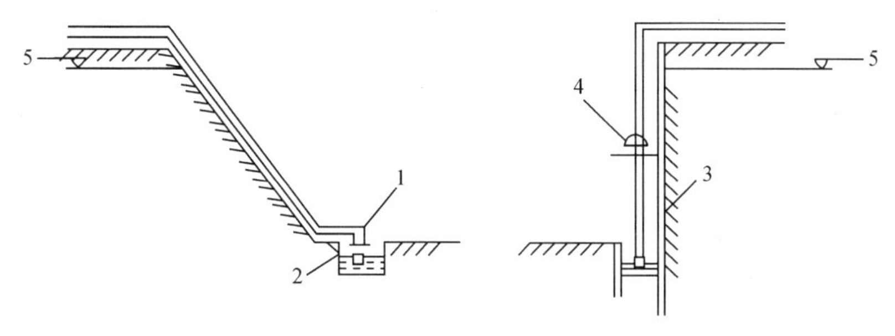

图 12－3　明沟排水法

1—水泵；2—集水井；3—板桩；4—水泵；5—地下水位

井点降水是在基坑开挖前，先在基坑四周埋设一定数量的井点管和滤水管。挖方前和挖方过程利用抽水设备，通过井点管抽出地下水，使地下水位降至坑底以下，避免产生坑内涌水、塌方和坑底隆起现象，保证土方开挖正常进行。

（3）基础土方的开挖

基础土方的开挖方法分两类，人工挖方和机械挖方。

常用的土方机械有推土机、铲运机、挖土机等，铲运机是一种能综合完成全部土方施工工序（挖土、装土、运土、卸土和平土）的机械。

挖土机利用土斗直接挖土，因此也称为单斗挖土机。常用的有正铲、反铲、拉铲、抓铲（见图 12－4）等挖土机。

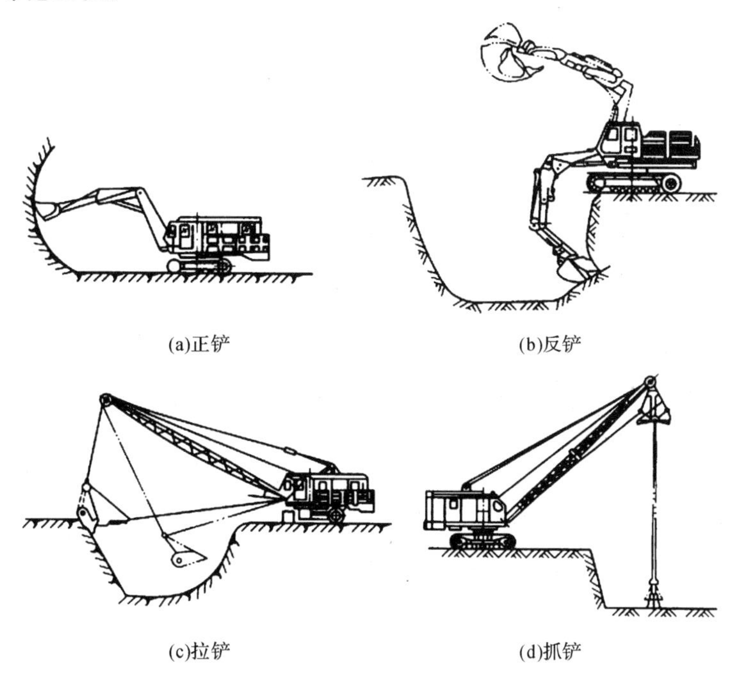

(a)正铲　(b)反铲

(c)拉铲　(d)抓铲

图 12－4　单斗挖土机

正铲挖土机适用于开挖停机面以上的土方。反铲主要用于开挖停机面以下的土方。拉铲适用于开挖较大基坑(槽)和沟渠,挖取水下泥土,也可用于填筑路基、堤坝等。抓铲适用于开挖较松软的土,对施工面狭窄而深的基坑、深槽、深井采用抓铲可取得理想效果。

12.2.2 基础施工

基础是建筑物最下部的承重构件,承受建筑物的全部荷载,并把这些荷载传给地基。基础是建筑物的重要组成部分。

基础按埋置深度分为浅基础(埋置深度小于 5m)和深基础(埋置深度大于等于 5m)。桩基础是最常用的深基础。

(1)浅基础

浅基础按构造形式分为条形基础、杯形基础、筏式基础和箱形基础等。

(2)深基础

1)桩基础

桩基础是一种常用的深基础形式,通常由桩顶承台(梁)将若干根桩连成一体,将上部结构传来的荷载传递给桩周土或桩尖基岩。

按桩传力方式不同,桩基础可分为端承桩和摩擦桩,如图 12-5 所示。按施工方法不同,可分为预制桩和灌注桩。

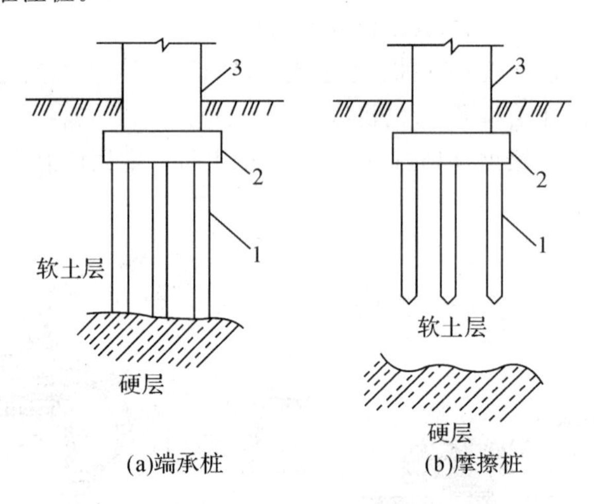

图 12-5 桩基础示意

1—桩;2—承台;3—上部结构

①预制桩。预制桩是在工厂或施工现场制成的各种材料和形式的桩,用沉桩设备在桩设计位置将其打入、压入、振入、高压水冲入、旋入土中。

②灌注桩。灌注桩是直接在桩位上就地成孔,然后在孔内安放钢筋笼灌注混凝土而成。与预制桩相比,灌注桩能适应各种地层,无须接桩,桩长、直径可变化自如,减少了桩制作、吊运等工序。但其成孔工艺复杂,现场施工操作好坏直接影响成桩质量,施工后需较长的养护期方可承受荷载。

灌注桩施工可分为钻孔灌注桩、人工挖孔灌注桩、套管成孔灌注桩和爆扩成孔灌注桩等。

2)沉井基础

沉井多用于建筑物和构筑物的深基础、地下室、蓄水池、设备深基础、桥墩等工程。沉井主要由刃脚、井壁、隔墙或竖向框架、底板组成。

3)地下连续墙

现浇钢筋混凝土地下连续墙是在地面上用专门的挖槽设备，沿开挖工程周边已铺筑的导墙，在泥浆护壁的条件下，开挖一条窄长的深槽，在槽内放置钢筋笼，浇筑混凝土，筑成一道连续的地下墙体。地下连续墙是在地下工程和基础工程中广泛应用的新技术，可作为防渗墙、挡土墙、地下结构的边墙和建筑物的基础。其施工过程如图12-6所示。地下连续墙的主要特点是：墙体刚度大，能够承受较大的土压力，开挖基坑时无须放坡，也无须用井点降水；施工时噪声低，振动小，对邻近的工程结构和地下设施影响较小，可在距离现有结构很近的地方施工，尤其适用于城市中密集建筑群或已建车间内的地下工程深基坑开挖；它适用于多种地质条件。但是，地下连续墙的施工技术比较复杂，施工过程中所产生的泥浆对地基和地下水有污染，需要对排出的废弃泥浆进行处理。

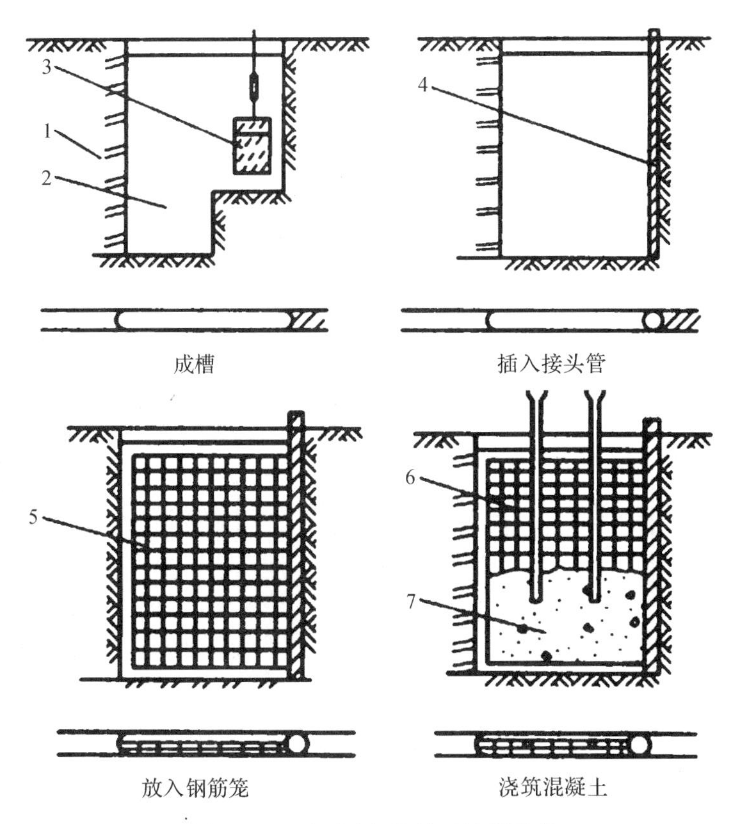

图12-6　地下连续墙施工过程示意

1—已完成的单元槽段；2—泥浆；3—成槽机；4—接头管；

5—钢筋笼；6—导管；7—浇筑的混凝土

12.3 结构工程

结构工程主要包括砌筑工程、钢筋混凝土工程、结构吊装工程及钢结构工程等。

12.3.1 砌筑工程施工

砌筑工程是指普通黏土砖、硅酸盐类砖、石块和各种砌块的施工。砌筑工程是一个综合的施工过程，它包括砂浆制备、材料运输、脚手架搭设和墙体砌筑等。

(1)砌筑材料

砌筑工程所用材料主要是砖、石或砌块，以及起黏接作用的砌筑砂浆。砌筑砂浆有水泥砂浆、石灰砂浆和混合砂浆。为了节约水泥和改善砂浆性能，也可用适量的粉煤灰取代砂浆中的部分水泥和石灰膏，从而制成粉煤灰水泥砂浆和粉煤灰水泥混合砂浆。

(2)脚手架

砌筑用脚手架是砌筑过程中用来堆放材料和工人进行操作使用的临时性设施。工人砌筑墙体时，劳动生产率受砌筑高度影响，当砌筑到一定高度时不搭设脚手架，砌筑工程将难以进行。考虑到砌墙工作效率和施工组织等因素，每次搭设脚手架的高度在1.2m左右，称为“一步架高度”，又叫墙体的可砌高度。

脚手架按其搭设位置分为外脚手架和里脚手架两大类，按其所用材料分为木脚手架、竹脚手架与金属脚手架。如图12-7所示是外脚手架常用的四种基本形式。

如图12-8所示为移动式里脚手架，用于室内顶棚装修等工程。室内脚手架通常做成工具式的，以解决装拆频繁的弊端。

对脚手架的基本要求：宽度应满足工人操作、材料堆置和运输的需要，一般为1.2～1.5m；能满足强度、刚度和稳定性的要求；构造简单，装拆方便，并能多次周转使用。

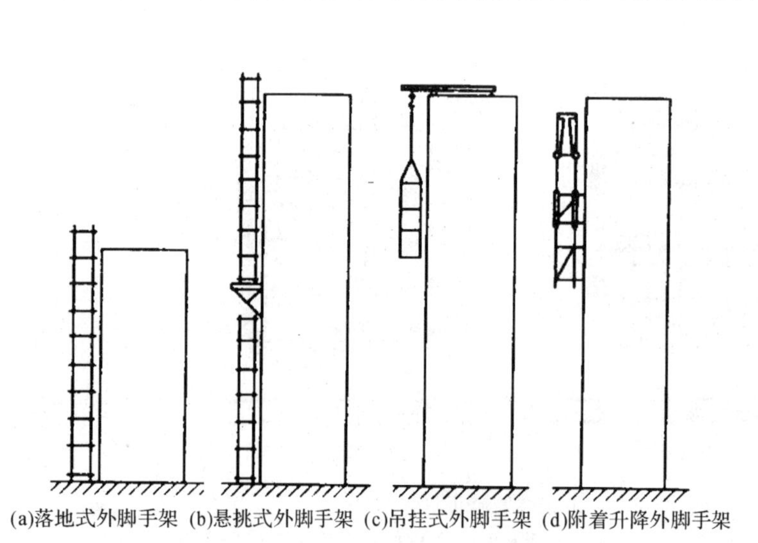

(a)落地式外脚手架 (b)悬挑式外脚手架 (c)吊挂式外脚手架 (d)附着升降外脚手架

图12-7 外脚手架的四种基本形式

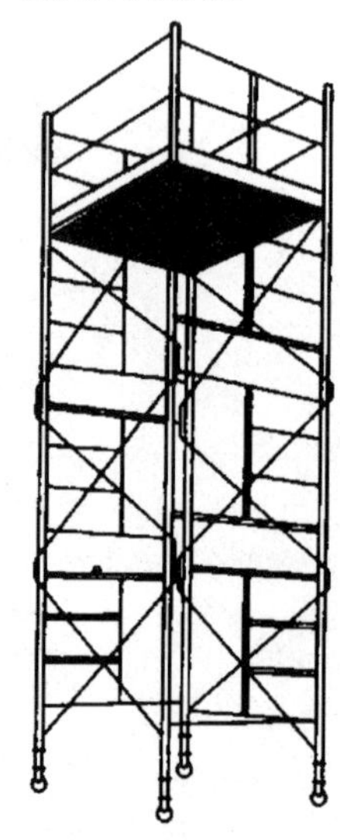

图12-8 移动式里脚手架

(3)垂直运输设备

砌筑工程中不仅要运输大量的砖(或砌块)、砂浆,而且还要运输脚手架、脚手板和各种预制构件;不仅有垂直运输,而且有地面和楼面的水平运输,其中垂直运输是影响砌筑工程施工速度的重要因素。

常用的垂直运输设备有塔式起重机、钢井架(见图 12－9)及龙门架(见图 12－10)。

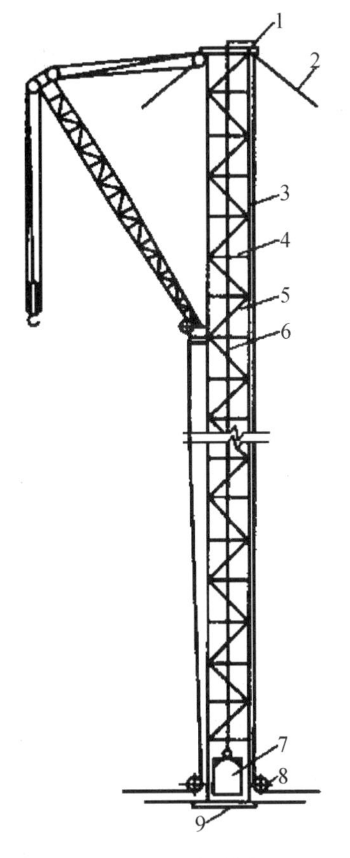

图 12－9　钢井架

1、8—滑轮;2—缆风绳;3—立柱;4—平撑;5—斜撑;6—钢丝绳;7—内吊盘;9—垫木

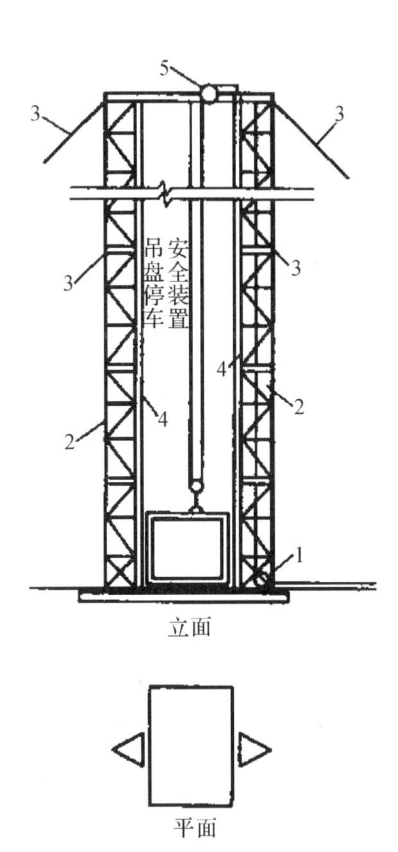

图 12－10　龙门架

1—地轮;2—立柱;3—缆风绳;4—导轨;5—天轮

(4)砌筑质量要求

砌体施工的基本要求是:横平竖直、砂浆饱满、上下错缝、内外搭砌、接槎牢固。砌筑操作前应对道路、机具、安全设施和防护用品进行全面检查,符合要求后方可施工。

砖石建筑在我国有悠久的历史,目前在土木工程中仍占有相当的比重。这种结构虽然取材方便、施工简单、成本低廉,但其施工仍以手工操作为主,劳动强度大、生产率低,而且烧制黏土砖占用大量农田,因而采用新型墙体材料,改善砌体施工工艺是砌筑工程改革的重点。

12.3.2 钢筋混凝土工程施工

钢筋混凝土结构工程是土木建筑工程施工中占主导地位的施工内容，无论是在人力、物力消耗方面，还是对工期的影响上都有非常重要的作用。钢筋混凝土结构工程包括现浇混凝土结构施工和预制装配式混凝土构件的工厂化施工两个方面。现浇混凝土结构的整体性好，抗震能力强，钢材消耗少，特别是近些年来一些新型工具式模板和施工机械的出现，使混凝土结构工程现浇施工得到迅速发展。尤其是目前我国的高层建筑大多数为现浇混凝土结构，高层建筑的发展也促进了钢筋混凝土施工技术的提高。钢筋混凝土结构工程施工包括钢筋、模板和混凝土等主要分项工程，其施工工艺过程如图 12－11 所示。

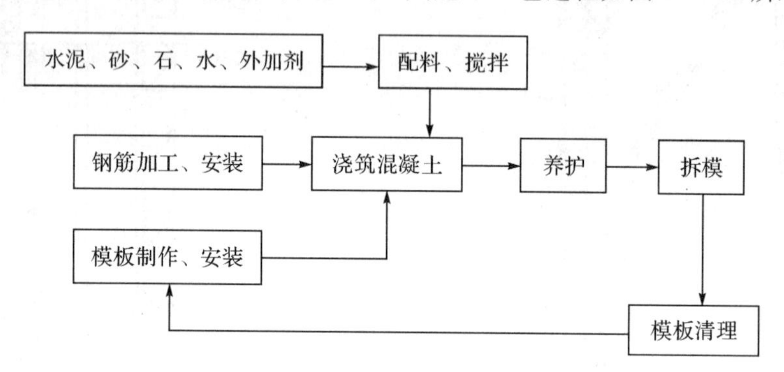

图 12－11 钢筋混凝土工程施工工艺

(1)钢筋工程

1)钢筋的类型

钢筋混凝土结构所用钢筋的种类较多。根据用途不同，分为普通钢筋和预应力钢筋。根据钢筋的生产工艺不同，分为热轧钢筋、热处理钢筋、冷加工钢筋等。根据钢筋的直径大小，分为钢筋、钢丝和钢绞线三类。

2)钢筋验收

钢筋进场前要进行验收，出厂钢筋应有出厂质量证明书或试验报告单。每捆(盘)钢筋均应有标牌，运至工地后应分别堆存，并按规定抽取试样对钢筋进行力学性能检验。

3)钢筋加工

钢筋加工过程取决于结构设计要求和钢筋加工的成品种类。一般的加工施工过程有调直、除锈、剪切、镦头、弯曲、焊接、绑扎、安装等。若设计需要，钢筋在使用前还可能进行冷加工(主要是冷拉、冷拔)。在钢筋下料剪切前，要经过配料计算，有时还有钢筋代换工作。钢筋绑扎安装要求与模板施工相互配合协调。钢筋绑扎安装完毕，必须经过检查验收合格后，才能进行混凝土浇筑施工。

4)钢筋连接

直条钢筋的长度，通常只有 9～12m。构件长度大于 12m 时一般都要连接钢筋。钢筋连接有三种常用的连接方法：绑扎连接、焊接连接和机械连接(挤压连接和锥螺纹套管连接)。除个别情况(如在不准出现明火的位置施工)，应尽量采用焊接连接，以保证钢筋的连接质量，提高连接效率和节约钢材。

在钢筋混凝土结构中钢筋起着关键性的作用。由于在混凝土浇筑后，钢筋质量难于检查，因此钢筋工程属于隐蔽工程，需要在施工过程中进行严格的质量控制，并建立起必要的检查和验收制度。

(2)模板工程

模板是新浇混凝土成形用的模型工具。模板系统包括模板、支撑和紧固件。模板工程施工工艺一般包括模板的选材、选型、设计、制作、安装、拆除和修整。

模板及支承系统必须符合以下规定：要能保证结构和构件的形状、尺寸以及相互位置的准确；具有足够的承载能力、刚度和稳定性；构造力求简单，装拆方便，能多次周转使用；接缝要严密不漏浆；模板选材要经济适用，尽可能降低模板的施工费用。木模板最早被人们用作为模板工程材料。木模板的主要优点是制作拼装随意，尤其适用于浇筑外形复杂、数量不多的混凝土结构或构件。我国的模板技术，自从20世纪70年代提出“以钢代木”的技术政策以来，目前除部分楼板支模还采用散支散拆外，已形成组合式、工具化、永久式三大系列工业化模板体系。

1)组合钢模板

组合钢模板是一种工具式模板，用它可以拼出多种尺寸和几何形状，可适应多种类型建筑物的梁、柱、板、墙、基础和设备基础等。目前组合钢模板也是施工企业拥有量最大的一种钢模板。钢模板具有轻便灵活、装拆方便，存放、修理和运输便利，以及周转率高等优点；但也存在安装速度慢，模板拼缝多，易漏浆，拼成大块模板时重量大、较笨重等缺点。组合钢模板包括平面模板、阴角模板、阳角模板和连接角模板等几种，如图12-12所示。

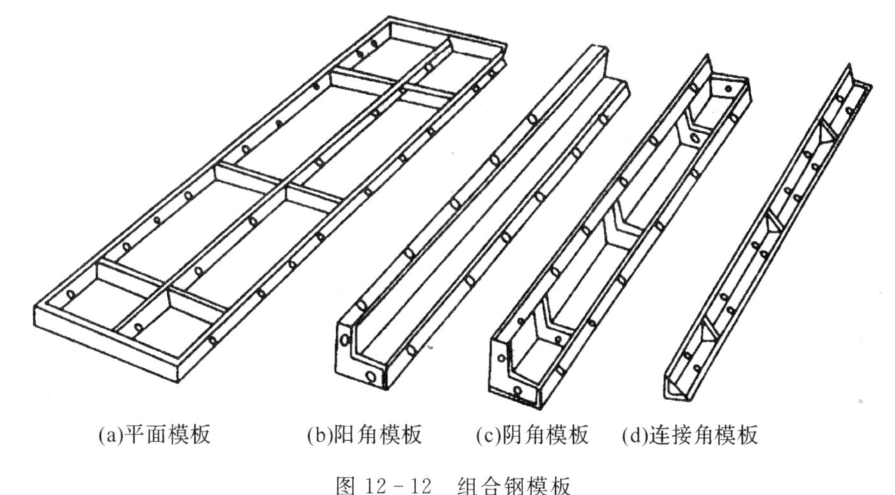

图12-12 组合钢模板

2)竹胶模板

竹胶模板是继木模板、钢模板之后的第三代建筑模板。竹胶模板以其优越的力学性能，可观的经济效益，正逐渐取代木、钢模板在模板产品中的主导地位。竹胶模板系用毛竹蔑编织成席覆面，竹片编织作芯，经过蒸煮干燥处理后，采用酚醛树脂在高温高压下多层黏和而成。竹胶模板强度高，韧性好，板面平整光滑可取消抹灰作业，缩短作业工期，表面对混凝土的吸附力小容易脱模，在混凝土养护过程中，遇水不变形，周转次数多，便于维护保养。竹胶模板保温性能好于钢模板，有利于冬季施工。还可以在一定范围内弯曲，因此还可以做成不同弧度的曲面模板。

竹胶模板已被列入建筑业重点推广的10项新技术中，广泛应用于楼板模板、墙体模板、柱模板等大面积模板。

3)大模板

大模板是一种大尺寸的工具式定型模板，一般一块墙面用一两块模板。其重量大，装拆均需要起重机配合进行，可提高机械化程度，减少用工量和缩短工期。大模板是我国剪力墙和筒体体系的高层建筑、桥墩等施工用得较多的一种模板，已形成工业化模板体系。

大模板由面板、加劲肋、竖楞、支撑桁架、稳定机构及附件组成。大模板构造如图12-13所示。

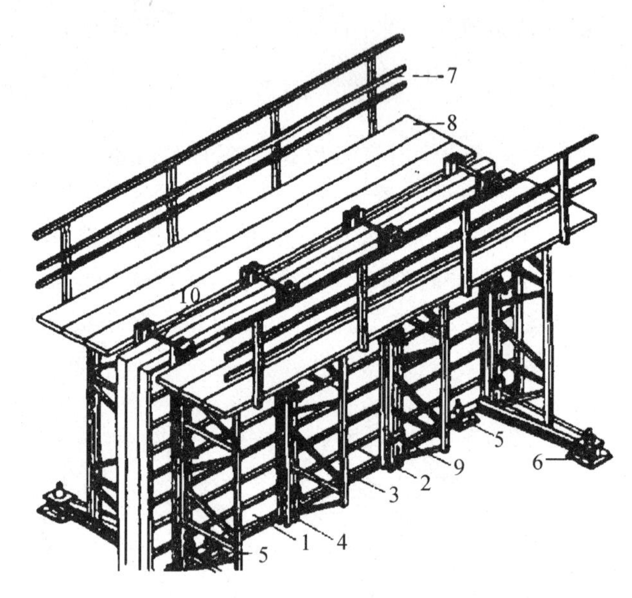

图12-13 大模板构造示意

1—面板；2—水平加劲肋；3—支撑桁架；4—竖楞；5—调整水平度的螺旋千斤顶；6—调整垂直度的螺旋千斤顶；7—栏杆；8—脚手板；9—穿墙螺栓；10—固定卡具

4)滑升模板

滑升模板是一种工业化模板，施工时在建筑物或构筑物底部，沿墙、柱、梁等构件的周边，一次装设1m多高的模板，在模板内不断浇筑混凝土和不断向上绑扎钢筋的同时，利用一套提升设备，将模板装置不断向上提升，使混凝土连续成型，直到达到需要浇筑的高度为止。滑升模板最适用于现场浇筑高耸的圆形、矩形、筒壁结构，如筒仓、储煤塔、竖井等。近年来，滑升模板施工技术有了进一步的发展，不但适用于浇筑高耸的变截载面结构，如烟囱、双曲线冷却塔，而且还应用于剪力墙、筒体结构等高层建筑的施工。

滑升模板由模板系统、操作平台系统和液压系统三部分组成。滑升模板组成如图12-14所示。

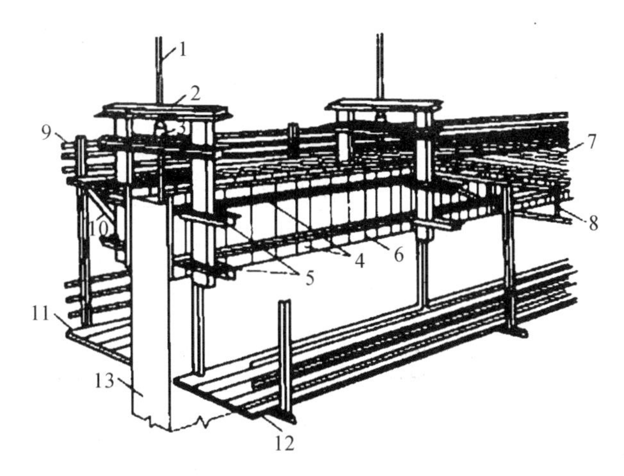

图12-14　滑升模板组成示意

1—支承杆;2—提升架;3—液压千斤顶;4—围圈;5—围圈支托;6—板;
7—操作平台;8—平台桁架;9—栏杆;10—外排三角架;
11—外吊脚手;12—内吊脚手;13—混凝土墙体

5)台模

台模是一种大型工具模板,主要用于浇筑平板式或带边梁的楼板,一般是一个房间用一块台模。利用台模浇筑楼板可省去模板的装拆时间,能节约模板材料和减少劳动消耗,但一次性投资较大,且需大型起重机械配合施工。台模按支撑形式分为支腿式和无支腿式两类。

此外,还有塑料模壳板、玻璃钢模壳板、预制混凝土薄板模板(永久性模板)、压型钢板模、装饰衬模等。

(3)混凝土工程

混凝土工程包括制备、运输、浇筑、养护等施工过程,各施工过程既相互联系又相互影响,任一施工过程不当都会影响混凝土工程的最终质量。

当前,在特殊条件下(寒冷、炎热、真空、水下、海洋、腐蚀、耐油、耐火及喷射等)的混凝土施工和特种混凝土(如高强度、膨胀、特快硬、纤维、粉煤灰、沥青、树脂、聚合物、自防水等)的研究和推广应用,使具有百余年历史的混凝土工程面貌一新。

1)混凝土的制备

混凝土的制备指混凝土的配料和拌制。

混凝土的配料,首先应严格控制水泥、粗细骨料、拌和水和外加剂的质量,并按照设计规定的混凝土强度等级和混凝土施工配合比,控制投料的数量。

混凝土的拌制就是水泥、水、粗细骨料和外加剂等原材料混合在一起进行均匀拌和的过程。拌和后的混凝土要求均质,且达到设计要求的和易性和强度。

混凝土的制备,除工程量很小且分散用人工拌制外,皆应采用机械搅拌。混凝土搅拌机按其搅拌原理分为自落式和强制式两类。双锥反转出料式搅拌机(见图12-15)是自落式搅拌机中较好的一种,宜用于搅拌塑性混凝土。它在生产率、能耗、噪声和搅拌质量等方面都表现较好。强制式搅拌机的搅拌作用比自落式搅拌机强烈,宜用于搅拌干硬性混凝土和轻骨料混凝土。

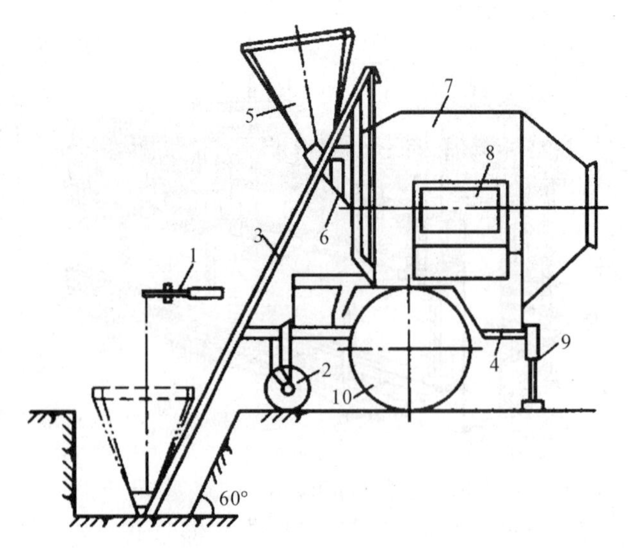

图 12-15 双锥反转出料式搅拌机

1—牵引架；2—前支轮；3—上料架；4—底盘；5—料斗；

6—中间料斗；7—锥形搅拌筒；8—电器箱；9—支腿；10—行走轮

混凝土搅拌站是生产混凝土的场所，混凝土搅拌站分施工现场临时搅拌站和大型预拌混凝土搅拌站。临时搅拌站所用设备简单，安装方便，但工人劳动强度大，产量有限，噪声污染严重，一般适用于混凝土需求较少的工程中。在城市内建设的工程或大型工程中，一般都采用大型预拌混凝土搅拌站供应混凝土，其机械化及自动化水平一般较高，用混凝土运输汽车直接供应搅拌好的混凝土，然后直接浇筑入模。这种供应“商品混凝土”的生产方式，在改进混凝土的供应、提高混凝土的质量以及节约水泥、骨料等方面，有很多优点。

商品混凝土是今后的发展方向，在国内一些大中城市中发展很快，在不少城市已有相当的规模，有的城市在一定范围内已规定必须采用商品混凝土，不得现场拌制。

2)混凝土的运输

混凝土从搅拌机中卸出后，应及时送到浇筑地点。混凝土运输分水平运输和垂直运输两种情况。常用水平运输的机具主要有搅拌运输车、自卸汽车、机动翻斗车、传动带运输机、双轮手推车。常用垂直运输的机具有塔式起重机、井架运输机、混凝土泵。

混凝土搅拌输送车(见图 12-16)兼输送和搅拌混凝土的双重功能，可以根据运输距离、混凝土的质量要求等不同情况，采用不同的工作方式。混凝土搅拌输送车到达现场后，搅拌筒反转即可卸出拌和物。

图 12-16 混凝土搅拌输送车

使用混凝土泵输送混凝土是将混凝土在泵体的压力下，通过管路输送到浇筑地点，一次完成水平运输、垂直运输及结构物作业面水平运输。混凝土泵具有可连续浇筑、加快施工进度、缩短施工周期、保证工程质量、适合狭窄施工场所施工和有较高的技术经济效果（可降低施工费用20%～30%）等优点，故在高层、超高层建筑及桥梁、水塔、烟囱、隧道等各种大型混凝土结构的施工中应用较广。

3)混凝土的浇筑捣实

混凝土浇筑要保证混凝土的均匀性和密实性，要保证结构的整体性、尺寸准确，钢筋、预埋件的位置正确，拆模后混凝土表面要平整、密实。

混凝土浇筑应分层进行，以使混凝土能够成型密实。浇筑工作应尽可能连续，当必须有间歇时，其间歇时间宜缩短，并在下层混凝土初凝前将上层混凝土浇筑振捣完毕。混凝土的运输、浇筑及间歇的全部延续时间不得超过规定要求。当超过时，应按留置施工缝处理。

混凝土拌和物浇入模板后，呈疏松状态，其中含有占混凝土体积5%～20%的空隙和气泡。而混凝土的强度、抗冻性、抗渗性以及耐久性等，都与混凝土的密实性有关。因此，混凝土拌和物必须经过振捣，才能使浇筑的混凝土达到设计要求。目前振捣混凝土有人工振捣和机械振捣两种方式。工地大部分采用机械振捣。振动机械按其工作方式可分为内部振动器、表面振动器、外部振动器和振动台四种（见图12-17）。

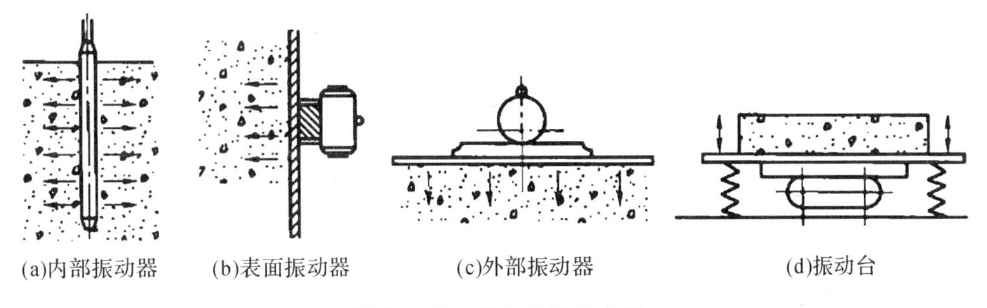

图12-17　振动机械示意图

4)混凝土的养护

为了保证混凝土有适宜的硬化条件，使其强度不断加大，必须对混凝土进行养护。

混凝土养护方法分人工养护和自然养护。人工养护就是用人工来控制混凝土的养护温度和湿度，使混凝土强度加大，如蒸汽养护、热水养护等。人工养护主要用来养护预制构件，而施工现场现浇构件大多采用自然养护方式。自然养护就是指在平均气温高于+5℃的自然条件下，于一定时间内使混凝土保持湿润状态。自然养护分洒水养护和喷涂薄膜养生液养护两种。

12.3.3　结构吊装工程施工

结构吊装工程就是用起重机械将在现场（或预制厂）制作的钢构件或混凝土构件，按照设计图的要求，安装成一幢建筑物或构筑物。装配式结构施工中，结构吊装工程是主要工序，它直接影响整个工程的施工进度、劳动生产率、工程质量、施工安全和工程成本。

(1)起重机械与吊具设备

结构安装施工常用的起重机械有桅杆式起重机、自行杆式起重机、塔式起重机等几大类。

桅杆式起重机制作简单、装拆方便、起重量大、受地形限制小,但是它的起重半径小、移动较困难,一般适用于工程量集中、结构重量大、安装高度大以及施工现场狭窄的多层装配式或单层工业厂房构件的安装。自行杆式起重机灵活性大、移动方便,能为整个建筑工地服务。起重机是一个独立的整体,一到现场即可投入使用,无须进行拼接等工作,施工起来更方便,只是稳定性稍差,是结构安装施工最常用的起重机械。塔式起重机一般具有较大的起重高度和工作幅度,工作速度快、生产效率高,广泛用于多层和高层装配式及现浇式结构的施工。如图 12-18 所示为塔式起重机的几种类型。

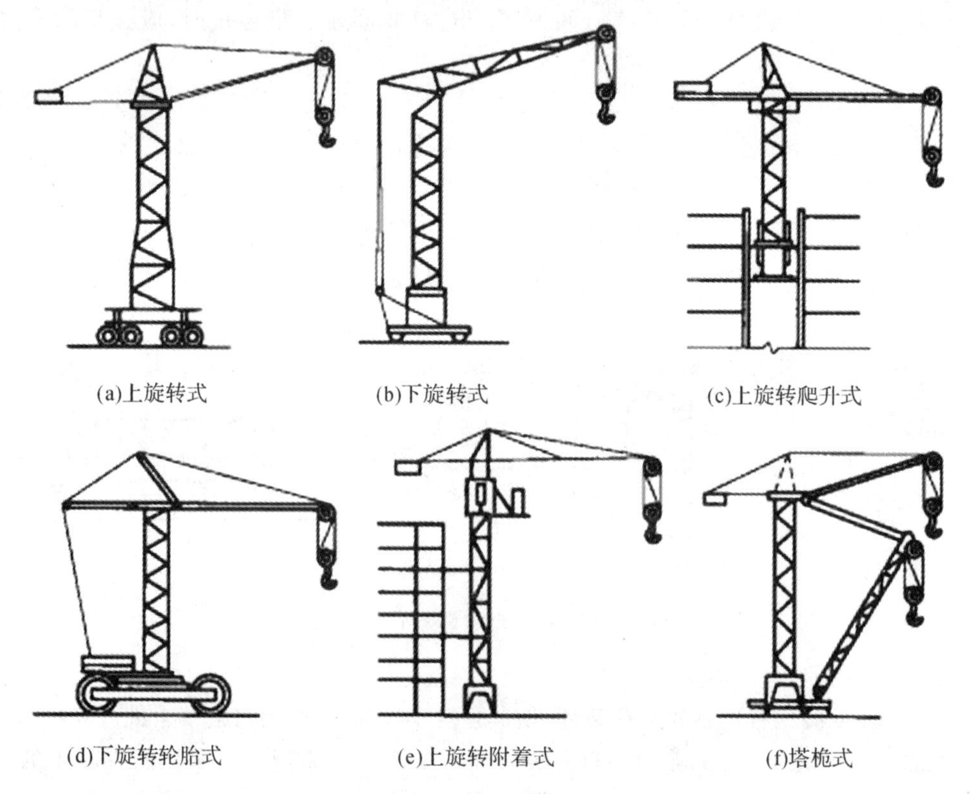

图 12-18 塔式起重机的类型

(2)钢筋混凝土排架结构单层工业厂房结构吊装

单层工业厂房的结构吊装,通常有两种方法:分件吊装法和综合吊装法。

1)分件吊装法就是起重机每开行一次只安装一种或一、二种构件。通常分三次开行即可吊完全部构件。这种吊装法的一般顺序是:起重机第一次开行,安装柱子;第二次开行,吊装起重机梁、连系梁及柱向支撑;第三次开行,吊装屋架、天窗架、屋面板及屋面支撑等。

2)综合吊装法(又称节间吊装法)是一台起重机每移动一次,就吊装完一个节间内的全部构件。其顺序是:先吊装完某一节间柱子,柱子固定后立即吊装这个节间的起重机梁、屋架和屋面板等构件;完成这一节间吊装后,起重机移至下一个节间进行吊装,直至厂房结构构件吊装完毕。

由于分件吊装法构件便于校正、构件供应较单一、安装效率较高、有利于发挥机械效率、减少施工费用，所以是较常用的一种吊装方法。

(3)装配式框架结构安装方法

装配式钢筋混凝土框架结构是目前多层厂房与民用建筑常用结构之一。这类装配式建筑是以钢筋混凝土预制构件组成主体骨架结构，再用定型装配件装配，分为维护、分隔、装修、装饰以及设备安装等部分。装配式框架结构主要有梁板式和无梁式两种结构形式。梁板式结构由柱、梁(包括主梁、次梁)及楼板组成。无梁式结构由柱、柱帽、板(柱间板、跨间板)组成，这种结构大多采用升板法施工，如图12-19所示。

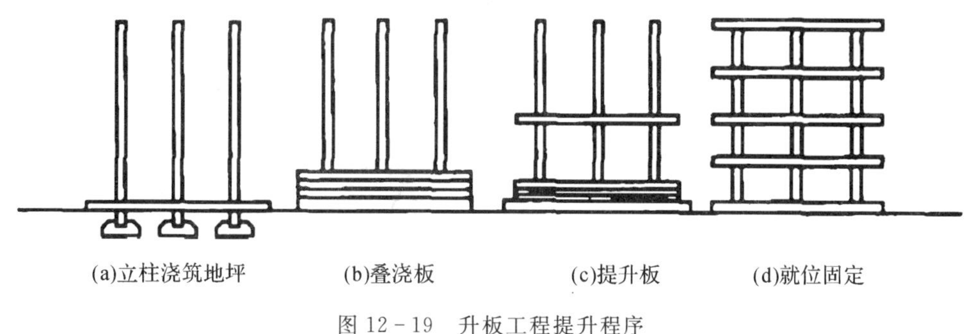

图12-19　升板工程提升程序

12.3.4　钢结构工程施工

(1)网架结构的安装

1)高空散装法。这是将网架的杆件和节点(或小拼单元)直接在高空设计位置总拼成整体的方法。

2)分条(分块)吊装法。将网架从平面上分割成若干条状或块状单元，每个条(块)状在地面拼装后，再由起重机械吊装到设计位置总拼成整体。

3)高空滑移法。将网架条状单元在建筑物上由一端滑移到另一端，就位后总拼成整体的方法。

4)整体提升及整体顶升法。将网架在地面就位拼成整体，用起重设备垂直地将网架整体提(顶)升至设计标高并固定的方法。

5)整体吊装法。将网架在地面总拼成整体后，用起重设备将其吊装至设计位置的方法。

(2)薄壳结构施工

1)薄壳结构有支架高空拼装法。在地面上将拼装支架搭至设计标高，然后将预制壳板吊到拼装支架上进行拼装。这种吊装方法不需要用大型起重设备，但需一定数量的拼装支架。

2)薄壳结构无支架高空拼装法。利用已吊装好的结构本身来支持新吊装的部分，不需要拼装架。当薄壳结构呈放射形分圈分块时，可用此法拼装。

12.4　防水工程

防水工程按工程部位和用途，又可分为屋面工程防水和地下工程防水两大类。防水工程质量的优劣，不仅关系到建筑物或构筑物的使用寿命，而且直接关系到它们的使用功能。

12.4.1 屋面防水工程

建筑物的屋面根据排水坡度分为平屋面和坡屋面两类，根据屋面防水材料的不同又可分为卷材防水屋面（柔性防水层屋面）、瓦屋面、构件自防水屋面、现浇钢筋混凝土防水屋面（刚性防水屋面）等。

(1)卷材防水屋面

卷材防水屋面的防水层是用胶黏剂将卷材逐层黏贴在结构基层的表面而成的，属于柔性防水层面，适用于防水等级为Ⅰ～Ⅳ级的屋面防水。卷材防水屋面使用的卷材主要有沥青防水卷材、高聚物(如 SBS、APP 等)改性沥青防水卷材和合成高分子防水卷材三大类。卷材防水屋面构造见图 12-20。

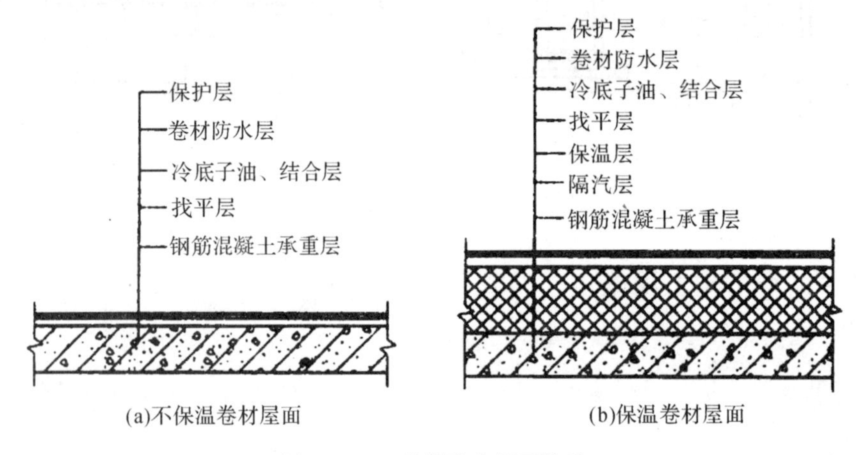

图 12-20　卷材防水屋面构造

沥青防水卷材由于低温时柔性较差，防水耐用年限短，适用于Ⅲ～Ⅳ级的屋面防水。高聚物改性沥青防水卷材具有较好的低温柔性和延伸率，抗拉强度好，可单层铺贴，适用于Ⅰ～Ⅱ级屋面防水。合成高分子防水卷材具有良好的低温柔性和适应基层变形的能力，耐久性好，使用年限较长，一般为单层铺贴，适用于防水等级为Ⅰ～Ⅱ级的屋面防水。卷材防水屋面的施工顺序主要为：找坡及保温层施工→找平层施工→防水层施工→保护层施工。

沥青防水卷材的铺贴方法有浇油法、刷油法、刮油法和撒油法等四种，通常采用浇油法或刷油法。高聚物改性沥青防水卷材铺贴方法有冷黏法、热熔法和自黏法。合成高分子卷材铺贴方法一般有冷黏法、自黏法、热风焊接法。

(2)涂膜防水屋面

涂膜防水屋面是在屋面基层上涂刷防水涂料，经固化后形成一层有一定厚度和弹性的整体涂膜，从而达到防水目的的一种防水屋面形式。这种屋面具有施工操作简便、无污染、冷操作、无接缝、能适应复杂基层、防水性能好、温度适应性强、容易修补等特点，适用于防水等级为Ⅲ级、Ⅳ级的屋面防水，也可作为Ⅰ级、Ⅱ级屋面多道防水设防中的一道防水层。

(3)刚性防水屋面

刚性防水屋面是指利用刚性防水材料做防水层的屋面，主要有普通细石混凝土防水屋面、补偿收缩混凝土防水屋面、块体刚性防水屋面、预应力混凝土防水屋面等。刚性防水屋面所用材料易得、价格便宜、耐久性好、维修方便，但刚性防水层材料的表观密度大，抗拉强度低，易受混凝土或砂浆的干缩变形、温度变形和结构变位影响而产生裂缝。刚性防水屋面主要适用于防水等级为Ⅲ级的屋面防水，也可用作Ⅰ、Ⅱ级屋面多道防水设防中的一道防水层，不适用于设有松散材料保温层的屋面以及受较大震动或冲击和坡度大于 15％的建筑屋面。

12.4.2　地下防水工程

目前地下防水工程常用的防水方案大致可分为以下三类：

(1)结构自防水

这种方法依靠防水混凝土本身的抗渗性和密实性进行防水。它既是防水层，又是承重围护结构。防水混凝土依靠调整混凝土配合比、掺外加剂和精心施工等方法来提高自身的密实性、抗渗性而达到防水的目的。防水混凝土施工工程序少，节省投资，经济效益好。所以，防水混凝土是我国目前地下防水采取的主要手段。

(2)附加防水层

这种方法在地下结构物的表面附加防水层，以达到防水的目的。常用的防水层有水泥砂浆、卷材、沥青胶结料和金属防水层等，可根据不同的工程对象、防水要求及施工条件选用。

(3)渗排水措施

这种方法利用盲沟、渗排水层等措施来排除附近的水源以达到防水目的。适用于形状复杂、受高温影响、地下水为上层滞水且防水要求较高的地下建筑。

在进行地下工程防水设计时，应遵循“防排结合，刚柔并用，多道防水，综合治理”原则，并根据建筑物的使用功能及使用要求，结合地下工程的防水等级，选择合理的防水方案。

12.5　装饰工程

装饰工程是采用装饰材料或饰物，对建筑物的内外表面及空间进行的各种处理。装饰工程通常包括抹灰、门窗、吊顶、饰面、幕墙、涂料、刷浆、裱糊等工程，是建筑施工的最后一个施工过程。装饰工程能增加建筑物的美感，给人以美的享受；保护建筑物或构筑物的结构免受自然的侵蚀、污染；增强耐久性、延长建筑物的使用寿命；调节温、湿、光、声，完善建筑物的使用功能；同时有隔热、隔声、防潮、防腐等作用。

装饰工程工程量大，工期长，一般占整个建筑物施工工期的 30％～40％，高级装饰达到 50％以上；手工作业量大，一般多于结构用工；造价高，一般占建筑物总造价的 40％，高的达到 50％以上；项目繁多、工序复杂。因此，提高预制化程度，实现机械化作业，不断提高装饰工程的工业化、专业化水平；协调结构、设备与装饰间的关系，实现结构与装饰合一；大力发展和采用新型装饰材料、新技术、新工艺；以干作业代替湿作业，对缩短装饰工程工期，降低工程成本，满足装饰功能，提高装饰效果，具有重要的意义。

12.5.1　抹灰工程

抹灰工程是用灰浆涂抹在建筑物表面，起到找平、装饰、保护墙面的作用，是在建筑物的内外墙面、地面、顶棚上进行的一种装饰工艺。

按所用材料和装饰效果的不同,抹灰工程可分为一般抹灰和装饰抹灰两大类。

(1)一般抹灰

一般抹灰是指采用水泥砂浆、水泥混合砂浆、聚合物水泥砂浆、石灰砂浆、麻浆和纸筋石灰砂浆等抹灰材料进行涂抹施工。根据使用要求、质量标准和操作工序不同,一般抹灰有普通抹灰、中级抹灰和高级抹灰三级。

1)墙面抹灰

设置标筋,如图 12-21 和图 12-22 所示;做护角;底层和中层的涂抹,如图 12-23 所示;罩面压光。

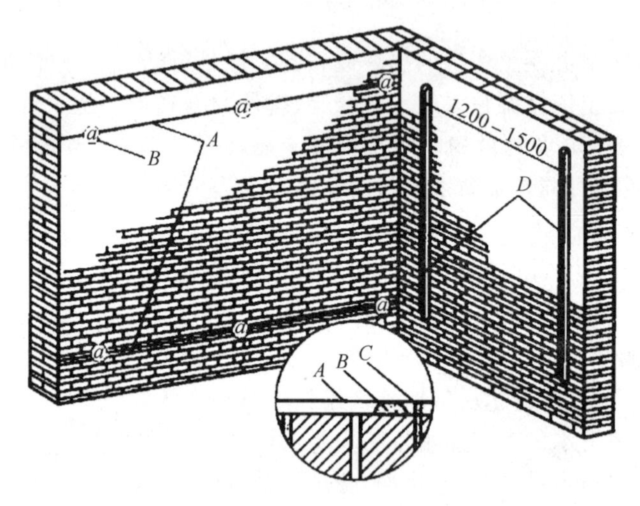

图 12-21 挂线做标志块及标筋

A—引线;B—灰饼(标志块);C—钉子;D—标筋

图 12-22 用托线板挂铅坠做标志块

图 12-23 装挡刮杠示意

2)楼地面抹灰

楼地面抹灰的工艺顺序为:清扫、清洗基层→弹面层线、做灰饼、标筋→润湿基层→扫水泥素浆→铺水泥砂浆→木杠压实、刮平→木抹子压实、搓平→铁抹子压光(三遍)→覆盖、浇水养护。

施工前,应将基层清扫干净后用水冲洗晾干。根据墙面准线在地面四周的墙面上弹出楼(地)面水平标高线,在四周做出灰饼,并用尼龙线按两边灰饼补做中间灰饼。用长木杠按间距1.2～1.5m 做好标筋。对有坡度、地漏的房间,应按要求找出坡度,一般不小于 1%。地漏处标筋应做成放射状,以保证流水坡向。

面层抹完一天内,用砂或湿锯末覆盖养护。每天浇水 3～4 次,保持覆盖物潮湿。养护时间不少于 7 天。有条件时,亦可做泥埂蓄水养护,或喷洒养护剂。

(2)装饰抹灰

装饰抹灰的种类很多,但底层的做法基本相同,均为 1∶3 水泥砂浆打底,仅面层的做法不同。常用装饰抹灰的做法有水磨石、水刷石、干黏石、斩假石等。

12.5.2　饰面工程

饰面工程就是将天然或人造石饰面板、饰面砖等安装或镶贴在基层上的一种装饰方法。饰面砖有釉面瓷砖、面砖和陶瓷锦砖等。饰面板有大理石、花岗岩等天然石板,预制水磨石板、人造大理石板等人造饰面板。

(1)饰面砖镶贴

饰面砖镶贴的一般工序为:底层找平→弹线→镶贴饰面砖→勾缝→清洁面层。

(2)饰面板安装

饰面板(大理石板、花岗岩等)多用于建筑物的墙面、柱面等高级装饰。饰面板安装方法有湿法安装和干法安装两种。

1)湿作业安装法(亦称挂装灌浆法)

施工工艺流程为:基体处理→绑扎钢筋网→预拼→固定不锈钢丝→板块就位→固定→灌浆→清理→嵌缝。传统块材安装如图 12-24 所示。

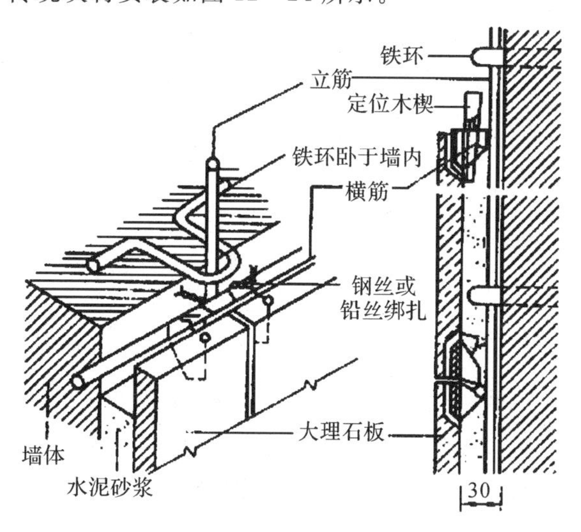

图 12-24　块材传统安装固定示意

湿作业安装改进法如图 12－25 和图 12－26 所示。

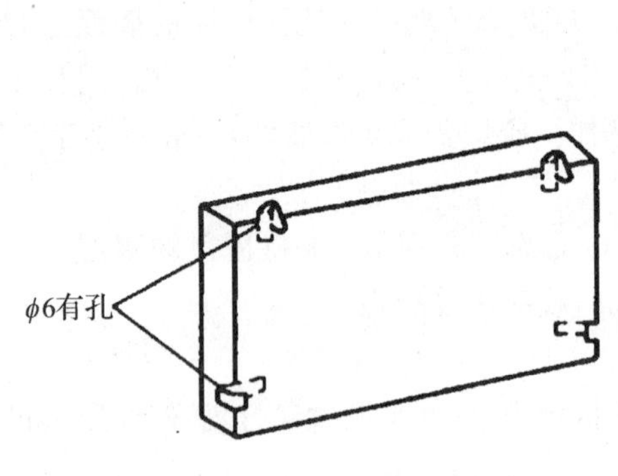

图 12－25 石板材钻孔示意

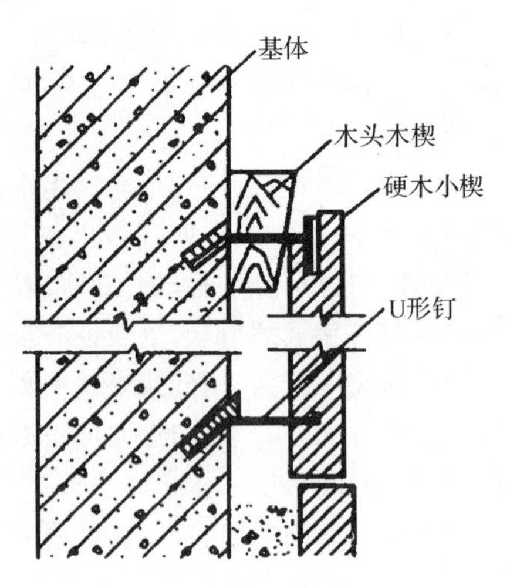

图 12－26 石板材就位固定示意

2)干挂法安装

干挂法的施工工艺流程是:墙面修整、弹线、打孔→固定连接件→安装板块→调整固定→嵌缝→清理,如图 12－27 所示。

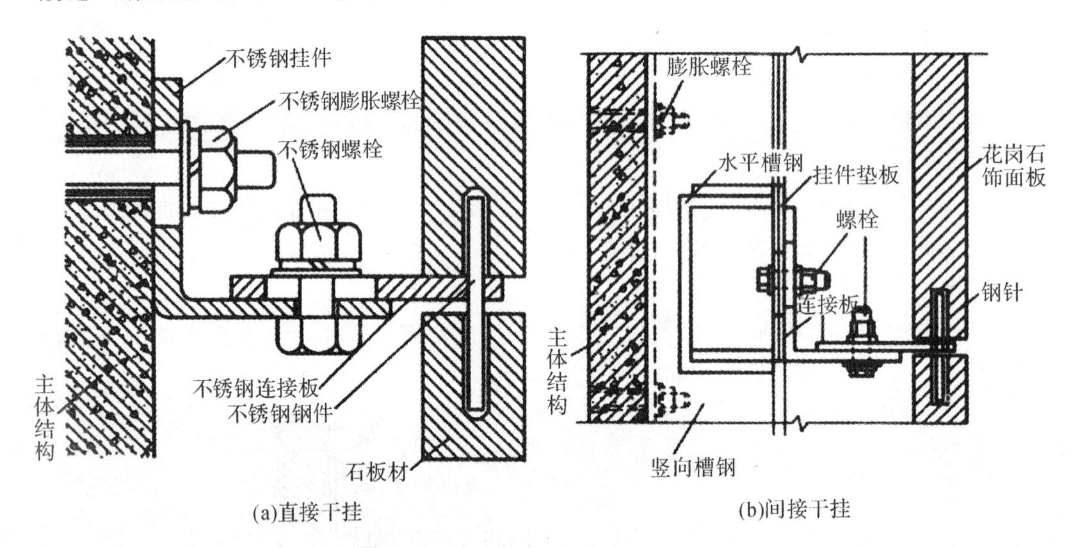

图 12－27 干挂工艺构造示意

随着建筑工业化的发展,墙板构件转向工厂生产、现场安装,一种将饰面与墙板制作相结合并一次成型的装饰墙板也日益得到广泛应用。

12.5.3 涂饰工程

涂料涂敷于物体表面,能与基体材料很好地黏结并形成完整而坚韧的保护膜,它可保护被涂物免受外界侵蚀,又可起到建筑装饰的效果。这种饰面工程做法省工省料,工期短、功效高,自重轻,颜色丰富,便于维修更新,而且造价相对比较低。涂饰工程包括油漆涂饰和涂料涂饰。

涂料饰面一般可以分为三层,即底层、中间层和面层。施涂涂料方法可以分为刷涂法、喷涂法、高压无气喷涂法、擦涂法和滚涂法。刷涂法:以人工用刷子蘸油刷在物件表面上,使其匀净平滑一致。喷涂法:用喷枪工具,将涂料从喷枪的喷嘴中喷成雾状液散布到物件表面上。高压无气喷涂法:利用压缩空气驱动的高压泵,使涂料增压,通过特殊喷嘴喷出,遇空气时剧烈膨胀、雾化成极细小漆粒散布到物件表面上。擦涂法:用棉花团纱布蘸漆在物面上擦涂多遍直至均匀擦亮。滚涂法:采用人造皮毛、橡皮或泡沫塑料制成的滚筒滚上油漆,在轻微压力下来回滚涂于物件表面上。

12.5.4 裱糊工程

裱糊工程就是将壁纸、墙布用胶黏剂裱糊在基体表面上。壁纸是室内装饰中常用的一种装饰材料,广泛用于墙面、柱面及顶棚的裱糊装饰。裱糊工程常用的材料有塑料壁纸、墙布、金属壁纸、草席壁纸和胶黏剂等。

12.5.5 幕墙工程

幕墙是由金属构件与玻璃、铝板、石材等面板材料组成的建筑外围护结构。幕墙工程实际上也是一种饰面工程,它大片连续,不承受主体结构的荷载,装饰效果好、自重小、安装速度快,是建筑外墙轻型化、装配化较为理想的形式,因此在现代建筑中得到广泛的应用。幕墙按面板材料可分为玻璃幕墙、铝合金板幕墙、石材幕墙、钢板幕墙、预制彩色混凝土板幕墙等。建筑中用得较多的是玻璃幕墙、铝合金板幕墙和石材幕墙。

幕墙一般均由骨架结构和幕墙构件两大部分组成。骨架通过连接件悬挂于主体结构上,而幕墙构件则安装在骨架上。幕墙的骨架是由竖向和横向龙骨用相应的连接件组成的承力结构,常用防腐型钢或铝合金专用龙骨和连接件,并以配套的不锈钢固定件与主体结构上的埋件连接。

有框架的幕墙,其安装工艺流程为:放线→框架立柱安装→框架横梁安装→幕墙构件安装→嵌缝及节点处理。

玻璃幕墙多采用中空玻璃作为幕墙构件。

复习思考题

1. 工程中常用的深基础有哪些类型?
2. 简述钢筋混凝土工程施工工艺流程。
3. 钢筋常用的类型有哪些?
4. 钢筋常用的连接方式有哪些?
5. 模板及支撑系统应符合哪些规定?
6. 混凝土搅拌机按其搅拌原理分为哪几类?各自的适用范围是什么?
7. 单层工业厂房的结构吊装通常有哪几种方法?
8. 常用的屋面防水施工方法有哪些?
9. 饰面板安装方法有哪些?

附录1　铁路与国际战略

从世界各国铁路建设历史可以看到,铁路可以促进沿线经济的发展,是国家经济的动脉,更是贯彻国家战略的工具,对国家安全、国际战略格局影响重大。两件实例可以很好地说明在大国博弈之中铁路表现出的重要作用。

1904年初,日俄为争夺远东利益,战争一触即发。日方分析,俄国的整体军事实力要强于日本,弱点是远东的兵力有限、补给困难。当时西伯利亚大铁路只剩下了环贝加尔湖100多千米长的一段未修通,如果铁路竣工,俄国在远东的军事劣势将得到根本扭转。于是日军抢在1904年2月8日以偷袭的方式向俄国不宣而战。而战事的发展,也进一步证明了这条铁路的重要性。战争开始后,准备充分的日军连败俄军。俄方只好拼命赶工,在1904年7月13日强行开通了西伯利亚大铁路。靠着这条铁路,俄国在短时间内从欧洲调动大量军队到远东前线,最终在兵力上超过了日军,从而在局部挽回了败局。正因如此,两国在美国调解下签署了妥协性的《朴次茅斯条约》:双方以长春为界划分势力范围。1941年,莫斯科在德军大举入侵下危在旦夕,斯大林在得到佐尔格情报,知道日军不会进攻苏联后,通过西伯利亚大铁路将数十万远东苏军急运前线,取得了莫斯科战役的胜利。1945年,苏联又用三个月时间经西伯利亚铁路将百万苏军从欧洲各国秘密调运远东,一举歼灭了日本关东军,报了1904年的一箭之仇。可以想象:如果没有这铁路,日本将独败于美国原子弹,也就不会有韩国朝鲜分立、三八线和后来的朝鲜战争等一系列国际事件了。

第二个事例更具戏剧性。1969年,中苏间相继爆发珍宝岛和新疆铁列克提流血冲突,双方互相指责对方挑起事端。苏联甚至向美国暗示希望与美国联合摧毁中国核设施。美国当然要利用共产主义国家之间的矛盾;两国都是美国的敌人,中国国力弱,但与美发生过战争,且一直声称要"打倒美帝及其一切走狗";苏联的国家实力强大,但是对美宣传上相对缓和。究竟是联苏抗中还是联中抗苏?使美国政府颇费踌躇。据当时的国家安全事务助理基辛格回忆,总统尼克松急于确定究竟谁是中苏武装冲突的发起者,然后与另一方进行联合。这并非由于美国公正,而是自身利益的需要。当时,中、苏都在越南战争中支援越南,美国要从越南战争的泥潭中脱身,不可能与在国际关系中奉行进攻战略的国家联合。在尼克松焦躁之际,基辛格通过查阅地图发现,铁列克提冲突地点离苏方铁路只有十几千米而离中国铁路有数百千米,中国显然不会选择这样对自己不利的地区挑起武装冲突,从而确定冲突发起者不可能是中国。于是美国政府当即确定,采取步骤与中国改善关系。1972年尼克松访华后,西方对中国20余年的封锁逐渐撤除,一时国际战略格局大变。

附录 2　恐怖袭击对超高层建筑的破坏

2001 年 9 月 11 日美国纽约世贸中心双塔大厦突遭恐怖分子毁灭性袭击。这是震惊全世界的“9・11”事件。世界贸易中心(World Trade Center,WTC)是 20 世纪 70 年代建造的世界级超高层建筑,由两座姐妹塔楼组成;北楼高 417m,南楼高 415m,均地上 110 层,地下 6 层。全大厦总建筑面积约 100 万平方米,约有 80 万平方米办公面积分配给全世界 800 多个厂商,办公人员约 5 万人,每日来访观光者还有数万人。它的体型为两座并列的 64m×64m 见方的直筒形建筑,采用密柱深梁组成的钢框架筒体结构。

2001 年 9 月 11 日晨恐怖分子利用两架满载航空汽油的 767 型客运飞机于 8 时 46 分撞入北楼顶部,约 18min 后撞入南楼顶端附近(见附图 1),将撞入处的立柱和楼盖撞毁,立即引起熊熊大火和滚滚浓烟,火焰最终温度估计达到 1 500F(815℃)。由于钢材在温度达到 600℃时强度和弹性模量几乎为零值,钢结构的承载能力几乎丧尽,故世贸中心两座大厦的结构完全失效,导致约 1h 后即晨 10 时许先后竖向逐层倒塌,变成一堆废墟。从世贸中心被撞的倒塌过程看,它的设计未曾料到会遭遇以上这样极端严重的事态。

在这里不得不提一下美国的另一著名超高层建筑——帝国大厦。帝国大厦始建于 1930 年,矗立在纽约曼哈顿岛,俯瞰整个纽约市区,成为纽约乃至整个美国建筑史的里程碑。大厦共计 102 层,高度 381m,于 1931 年 5 月 1 日落成启用,在结构上采用了钢骨混凝土这种结构形式,即型钢以铆钉连接成框架梁柱,再外支模浇筑混凝土,形成所谓钢骨混凝土结构(见附图 2)。帝国大厦迄今为止已存在了八十余年,其结构形式经受住了时间和灾难的考验。1945 年 7 月 28 日,一架雾中迷航的美空军 B-25 轰炸机以每小时 320 千米的速度撞入帝国大厦 78～79 层,造成一个宽 5.5m、高 6m 的大洞,并引发从第 79 层一直蔓延到 86 层的大火,造成 13 人死亡和 26 人受伤,但大楼巍然不动,说明帝国大厦的结构形式非常合理,钢结构外包裹的混凝土有效地起到了保护钢结构的作用。而 40 年后建造的世贸中心大楼,采用全钢框架结构而没有外包混凝土,在 2001 年的“9・11”事件中被客机撞击并引发大火,钢材在温度达到 600℃时丧失承载力,结构终于被上负的重量压塌,由此引发结构界对摩天大楼结构形式的反思。

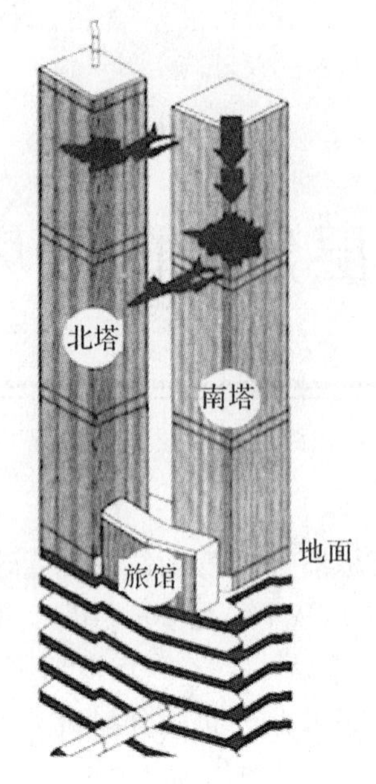

附图 1　世界贸易中心双塔外貌(含地下室)

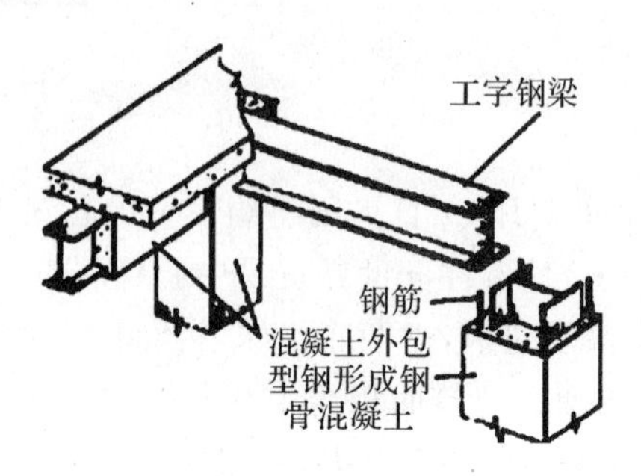

附图 2　钢骨混凝土

附录3　海底城市能否成真

诗人舒婷说:“大海的日出,引起多少英雄由衷的赞叹;大海的夕阳,招惹多少诗人温柔的怀想。”千百年来,人类都生活在陆地上,是实实在在的陆生生物。然而这并没有让我们停止对那片蓝色水域的浪漫想象和探索——造船扬帆,环球航行,海上城市,人工岛,海底隧道……海洋上老早就留下了人类活动的足迹。依托着日益进步的科技力量,人类或许能对大海发起更有挑战的探索:不只是在海洋上做短暂停留,更要在蔚蓝的海洋下建造能长期居住的海底城市。

一直以来,人类都生活在仅占地球表面积29%的陆地上。伴随着科技的发展,人类将向海洋进军,寻找把城市安在海底的实现途径。海底城市的设想早已有之。这不光来源于诗意的幻想,还有着深刻的现实考量。世界人口日益膨胀,陆地资源大量消耗,地球早已不堪重负。如果说,环境保护、节约资源是“节流”之举,那么向太空和海洋发展,进行“开源”也是必然趋势。而相较于太空的浩渺无垠,海洋离人类就近得多了。况且海洋里还蕴含着人类迫切需要的资源。一旦海底城市建成,毫无疑问将极大缓解地球的人口、资源等压力。

届时,科学家可以方便地进行海底资源研究、开发,探险者们将不费吹灰之力地进行海底探险、旅游,海底城市的居民可与海豚、珊瑚等可爱的海底生物为邻。并且,由于城市已经深入海底,还能躲避飓风等恶劣灾害。

事实上,各国都进行了一系列有益的探索。世界上第一座水下居住室是法国制造的“海中人”号,它于1962年9月6日在法国的里维埃拉附近海域60米深处试验成功,一位潜水员在“海中人”号居住室里生活了26小时。美国等地已经出现了面向公众的海底酒店,它们或是废弃的研究室改建而成,或是专门斥巨资打造。总之,只要你有足够的支付能力,就可以一睁眼就看到游来游去的热带鱼群,享受海洋底下心静如水的环境。

近期,日本清水公司发布了一项名叫“海洋螺旋”的海底城市建筑构想。据海底城市效果图显示,建筑将分为三个部分:球体城市、螺旋形通道、海底沼气制造厂。球形城市的顶部位于海面附近到水深500米处,在球心之中,将配备城市的商业建筑、住宅区等;螺旋形通道长达15千米,中间将配置发电站和深海探查艇的补给基地;而海底沼气制造厂将位于海底3 000～4 000m,通过海底微生物将二氧化碳转换成沼气燃料,为城市运转提供能源。在建设过程中,3D打印机将被使用,树脂则会代替混凝土成为建筑材料。另外,这个“酷炫”的项目最神奇的地方在于其可以移动,当遇到恶劣天气时,球体城市就会潜入通道之中。对于日本这种地震多发的国家,水深流缓的海底城市可谓一处绝佳的“避难所”。

据悉，这个项目由包括东京大学、日本独立行政法人海洋研究开发机构以及日本政府部门和能源公司的专家们与清水公司共同构想。在这个构想之下，因全球海平面上升而下沉的孤岛国家以及城市无疑获得了更新的发展空间。项目预期耗资高达3万亿日元(约合人民币1568亿元)，工期为5年。也许到2030年，住在海底就可成真。

海底城市绝非千篇一律、千城一面，由于其要承担巨大的城市运转功能，庞大的体量也正好为科学家们提供了发挥设计才能的舞台。澳大利亚建造的与海洋生态系统融为一体的海洋城，酷似“水母”；埃及船帆形状的半潜式水下博物馆；迪拜由两个隧道相连接的七星球酒店的设想；由8个球体围绕1个中心球体组成的“海洋生物圈”；类似于“刮刀”的漂浮摩天大楼旋转城；类似于现代游艇的半潜式寓所，等等，这些设想的奇异、美好让人迫不及待地盼望将蓝图变成现实，好早日得以尝试。

(摘自光明日报，作者胡宇齐)

参考文献

[1]叶志明.土木工程概论[M].北京:高等教育出版社,2009.
[2]刘伯权.土木工程概论[M].武汉:武汉大学出版社,2014.
[3]罗福午,刘伟庆.土木工程(专业)概论[M].武汉:武汉理工大学出版社,2012.
[4]丁大钧,蒋永生.土木工程概论[M].北京:中国建筑工业出版社,2003.
[5]丁士昭.工程项目管理[M].北京:中国建筑工业出版社,2014.
[6]蔺石柱,闫文周.工程项目管理[M].北京:机械工业出版社,2006.
[7]任建喜.土木工程概论[M].北京:机械工业出版社,2011.
[8]喻言.土木工程建设法规[M].北京:机械工业出版社,2010.
[9]王秀燕,李锦华.工程招投标与合同管理[M].北京:机械工业出版社,2009.
[10]应枢德.建筑砌体材料与施工[M].北京:机械工业出版社,2008.
[11]李斌,刘香.土木工程概论[M].北京:机械工业出版社,2012.
[12]王璐,王绍臻.土木工程材料[M].杭州:浙江大学出版社,2013.
[13]殷惠光.建设工程造价[M].北京:中国建筑工业出版社,2004.
[14]张艳美,卢玉华,程玉梅,高峰.基础工程[M].北京:化学工业出版社,2011.
[15]徐蓉.建筑工程工程量清单与造价计算[M].上海:同济大学出版社,2006.
[16]肖荣.铁道概论[M].北京:人民交通出版社,2013.
[17]佟立本.高速铁路概论(第4版)[M].北京:中国铁道出版社,2012.
[18]陈学军.土木工程概论[M].北京:机械工业出版社,2006.
[19]邓友生.土木工程概论[M].北京:北京大学出版社,2012.
[20]易成,沈世钊.土木工程概论[M].北京:中国建筑工业出版社,2010.
[21]刘俊玲,庄丽.土木工程概论[M].北京:机械工业出版社,2009.
[22]刘宗仁.土木工程概论[M].北京:机械工业出版社,2008.
[23]刘红梅,周清.土木工程概论[M].武汉:武汉大学出版社,2012.
[24]应惠清.土木工程施工(第2版)[M].北京:高等教育出版社,2009.
[25]杨晓平,程超胜.建筑施工测量(第3版)[M].武汉:华中科技大学出版社,2011.
[26]本书编委会.建筑施工手册(第5版)[M].北京:建筑工业出版社,2012.
[27]孙家驷.道路勘测设计[M].北京:人民交通出版社,2005.
[28]杨少伟.道路勘测设计[M].北京:人民交通出版社,2009.
[29]杨春风等.道路勘测设计[M].北京:人民交通出版社,2007.

[30]方左英.路基工程[M].北京:人民交通出版社,1999.
[31]邓学钧.路基路面工程(第3版)[M].北京:人民交通出版社,2008.
[32]陈忠达.路基路面工程[M].北京:人民交通出版社,2009.
[33]霍达.土木工程概论[M].北京:科学出版社,2007.
[34]陈长冰.土木工程概论[M].郑州:黄河水利出版社,2010.
[35]李文虎,代国忠.土木工程概论[M].北京:化学工业出版社,2011.
[36]王清标.土木工程概论[M].北京:机械工业出版社,2013.
[37]尹贻林,严玲.工程造价概论[M].北京:人民交通出版社,2009.
[38]刘俊铃,庄丽.土木工程概论[M].北京:机械工业出版社,2009.
[39]沈志娟,建筑工程造价员入门与提高[M].长沙:湖南大学出版社,2012.
[40]贾正甫,李章政.土木工程概论[M].成都:四川大学出版社,2006.
[41]全国一级建造师执业资格考试用书编写委员会编写.建设工程项目管理[M].北京:中国建筑工业出版社,2011.
[42]GB 50500—2013.建设工程工程量清单计价规范[S].北京:中国计划出版社,2013.
[43]GB 175—2007.通用硅酸盐水泥[S].北京:中国标准出版社,2007.
[44]GB 50021—2001.岩土工程勘察规范[S].北京:中国建筑工业出版社,2009.
[45]JGJ 79—2012.建筑地基处理技术规范[S].北京:中国建筑工业出版社,2012.
[46]JTGF 10—2006.公路路基施工技术规范[S].北京:人民交通出版社,2006.
[47]JTGF 30—2003.公路水泥混凝土路面施工技术规范[S].北京:人民交通出版社,2004.
[48]JTGF 40—2004.公路沥青路面施工技术规范[S].北京:人民交通出版社,2004.
[49]JTGD 30—2004.公路路基设计规范[S].北京:人民交通出版社,2004.
[50]JTGD 40—2002.公路水泥混凝土路面设计规范[S].北京:人民交通出版社,2004.
[51]JTGD 50—2004.公路沥青路面设计规范[S].北京:人民交通出版社,2004.
[52]JTGD 60—2004.公路桥涵设计通用规范[S].北京:人民交通出版社,2004.